大重型数控静压转台设计及承载能力研究

唐军 著

中国原子能出版社
China Atomic Energy Press

图书在版编目（C I P）数据

大重型数控静压转台设计及承载能力研究 / 唐军著 . -- 北京 : 中国原子能出版社， 2019.8
ISBN 978-7-5022-9873-9

Ⅰ. ①大… Ⅱ. ①唐… Ⅲ. ①重型－静推力－转台机－承载力－研究 Ⅳ. ① TG233

中国版本图书馆 CIP 数据核字（2019）第 134629 号

内容简介

本选题主要以大重型数控转台 SKZT2000 为研究对象，针对该转台的实际使用要求，确定转台的传动方案和主轴支承方式；依据电机与转台之间的转速关系，确定各级传动比，并给出双导程蜗轮蜗杆的设计步骤；利用 ADAMS 软件研究蜗杆与台面之间转速、扭矩之间的动力学关系；最后通过 FLUENT 软件仿真分析了静压支承系统中所使用的圆环形油腔定压供油式静压推力轴承（或称静压导轨）和回型槽多油垫定量供油式静压径向轴承的流场，获得了静压推力轴承和静压径向轴承的承载能力及刚度。

大重型数控静压转台设计及承载能力研究

出版发行　中国原子能出版社（北京市海淀区阜成路 43 号　100048）
责任编辑　高树超
装帧设计　河北优盛文化传播有限公司
责任校对　冯莲凤
责任印制　潘玉玲
印　　刷　定州启航印刷有限公司
开　　本　710 mm×1000 mm　1/16
印　　张　10
字　　数　150 千字
版　　次　2019 年 8 月第 1 版　　2019 年 8 月第 1 次印刷
书　　号　ISBN 978-7-5022-9873-9
定　　价　46.00 元

发行电话：010-68452845　　版权所有　侵权必究

前　言

大重型数控转台是数控机床上一个主要的功能部件，其技术水平的高低、性能的优劣直接影响着数控机床整机的技术水平和性能。液体静压轴承由于具有运行稳定可靠、使用寿命长、摩擦阻力小、能耗低、承载能力大等特点而被广泛应用到大重型数控转台中并成为核心部件。因此，对大重型数控转台静压轴承的研究是尤为重要的。

本书以大重型数控转台 SKZT2000 为研究对象，将理论分析、仿真计算和科学实验等研究方法有机结合起来，对定压供油式静压推力轴承和定量供油式静压径向轴承的承载能力及静态刚度进行了分析、研究，为静压轴承的设计提供理论依据。本书主要包括以下几部分内容：

（1）综合论述了数控转台及国内外静压技术的历史及研究现状，分析了液体静压轴承的工作原理、分类和主要参数。

（2）数控转台传动链设计。根据电机与转台之间的转速关系，查阅文献资料，确定各级传动比。双导程蜗轮蜗杆的设计分两步：先按普通蜗轮蜗杆进行设计，计算出基本参数，再计算出双导程蜗杆的详细设计参数。

（3）数控转台的运动学和动力学仿真。用 CAXA 建立主要零部件的实体模型，然后把各个模型导入 ADAMS。对蜗杆施加运动，研究蜗杆与台面之间的运动关系。对蜗杆施加扭矩，对转台施加切削阻力和摩擦阻尼，研究蜗杆以及台面的转速、扭矩之间的动力学关系。

（4）基于计算流体力学理论，提出大重型数控转台静压轴承的理论计算模型以及各自的承载能力及刚度计算公式，并进行了求解计算；设计了静压主轴的油腔和液压系统。

（5）基于有限体积法，利用 FLUENT 软件对静压推力轴承以及静压径向轴承中油液的流动情况进行模拟仿真。得到了推力轴承和径向轴承中流动区域内压力场分布情况，并给出了轴承各自承载能力及刚度曲线。FLUENT 软件得到的仿真结果与理论计算结果吻合良好，说明有限体积模型的有效性与正确性。

（6）分析计算了静压推力轴承在不同进油压力、不同偏心率、不同节流器直径和不同节流孔长度下的承载性能的变化规律；分析计算了静压径向轴承在不同进油速度、不同偏心率、不同油膜厚度和不同宽径比下的承载性能及刚度性能的变化情况。

（7）通过科学实验不仅验证了理论分析与仿真计算的正确性，还分析了推力轴承和径向轴承之间的相互影响关系。

最后，针对大重型数控转台的伺服系统运动的机电耦合特性，提出一种基于模糊算法和 PID 控制相结合的自适应 FUZZY-PID 控制策略。可以看出，自适应模糊 PID 控制器具有较高的动态响应能力和控制精度，使大重型数控转台的伺服系统对外载荷的扰动具有较好的适应性。本书能够为今后对大重型数控转台的动力系统、支承系统以及伺服系统的进一步研究提供借鉴，具有理论意义和工程应用价值。

目 录

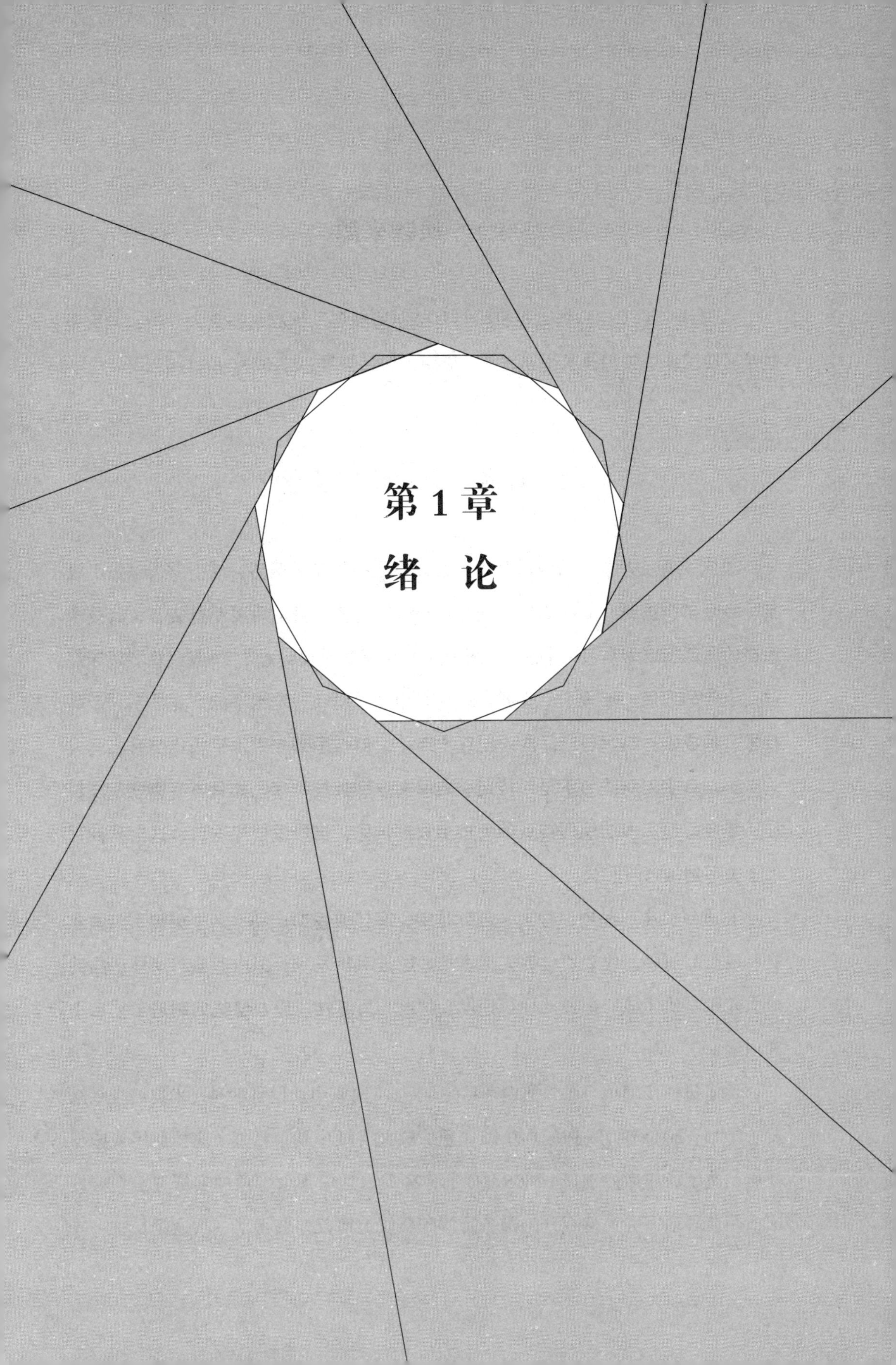

第1章
绪　论

1.1 课题来源

本课题来源于“高档数控机床与基础制造装备”国家科技重大专项：大重型数控回转工作台关键技术研究与开发应用（项目编号：2010ZX04011-032）。

1.2 课题的应用价值及意义

机床工具工业是制造业的基础。大重型数控机床是国防、航空航天、发电设备、冶金矿山设备、舰船制造、汽车乃至机床行业自身的重要制造装备，其技术水平的高低已成为衡量一个国家工业现代化水平的重要标志。[1-2] 我国重型机床经过几十年的发展，形成了门类齐全、具有相当规模和一定水平的产业体系，产品技术日趋成熟，与国外产品的差距逐步缩小，但与国外先进水平相比仍有相当大的差距，自主创新能力不足，特别是高端大重型数控机床，如具备高速度、高精度、复合柔性和多功能等特点的大重型数控机床，仍严重依赖进口，这在某种程度上关系到国家的安全。[3]

在进口机床产品中，相当一部分是中、高档数控型产品，其中德国、美国和日本的产品居多，代表着世界先进水平。通过对比发现，国内产品与国外产品的最大差距是机床核心部件的运行速度、精度与可靠性，以及整机的制造工艺水平和质量。[4]

为了进一步缩小与国外数控产品的差距，《国家中长期科学和技术发展规划纲要（2006—2020 年）》中确定的 16 个重大科技专项中就包括了“高档数控机床与基础制造装备重大专项”。2008 年 12 月 24 日，这一重大专项的实施方案在时任国务院总理温家宝主持召开的国务院常务会议上审议并获得了一致通过。这一专项提出的预期目标是，到 2020 年，具备高档数控机床与基础制造装备主要产品的自主开发能力，总体技术水平进入国际先进行列，部分产品国际领先；具备完善的功能部件研发和配套能力；形成以企业为主体、产学研相结合的技术创新体系；培养和建立一支高素质的研究开发队伍。[5]

普遍用于铣床、数控镗和加工中心的数控回转工作台，为它们提供回转坐标，并使其能轻松完成复杂曲线和高阶曲面的生产制造，最大限度地扩大其应用范围。数控转台一般由驱动、传动、分度定位和刹紧等机构组成。根据驱动方式的不同，数控回转工作台可分为液压回转工作台和电驱动回转工作台；根据分度形式的不同，数控回转工作台可分为等分度转台和连续分度转台；按照安装方式的不同，数控回转工作台可以分为立式回转工作台和立卧两用回转工作台；按照回转轴数的不同，数控回转工作台可分为单轴工作台、倾斜工作台以及多轴工作台；根据控制方式的不同，数控回转工作台可以分为开环类回转工作台和闭环类回转工作台。数控回转工作台的评定指标主要有回转定位精度、重复回转定位精度、回转精度的保持性、加工承载能力以及回转速度等。

数控转台较多地应用在比较复杂的曲线和曲面的制造及加工上，而很多齿轮的加工都会牵扯到复杂的曲面。所以，很大一部分数控铣齿机、数控滚齿机上都要用到数控转台。图 1-1 所示为桑浦坦斯利（Samputensili，世界著名的齿轮刀具及机床制造商之一）制造的数控滚齿机，机床中间的部分就是数控转台。

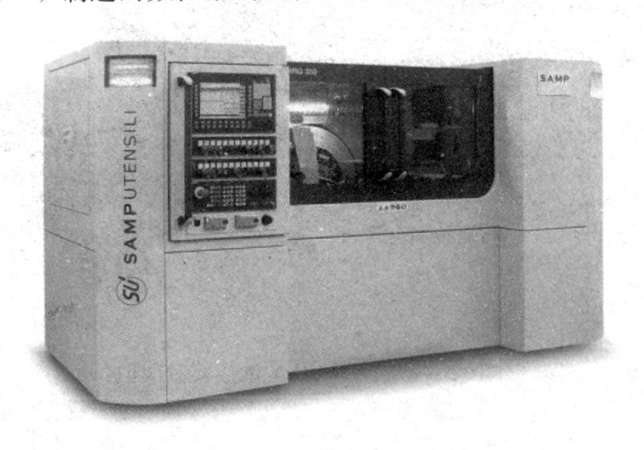

图 1-1　桑浦坦斯利数控滚齿机

数控转台的精密程度在很大程度上取决于传动机构。因此，数控转台传动方式的选择尤为关键，并且选择传动机构时要考虑怎样才能消除传动间隙。数控转台的传动机构种类比较多，常见的有齿条齿轮、齿轮、蜗轮蜗杆、齿轮加蜗轮蜗杆、同步带轮加蜗轮蜗杆等。

如图 1-2 所示，格里森（Gleason-Pfauter，世界著名工业品牌）数控转台采用的是双蜗轮蜗杆驱动，可以实现无间隙传动。图 1-3 和图 1-4 所示是国内企业烟台环球研制的 TK121600 型数控转台，它使用的是双导程蜗轮蜗杆，通过调整蜗杆的轴向位置消除侧向间隙。

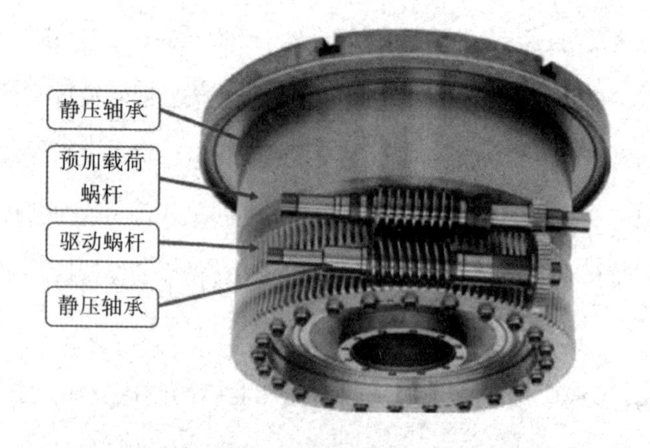

图 1-2　Gleason-Pfauter 的数控转台结构图

图 1-3　TK121600 型数控转台模型

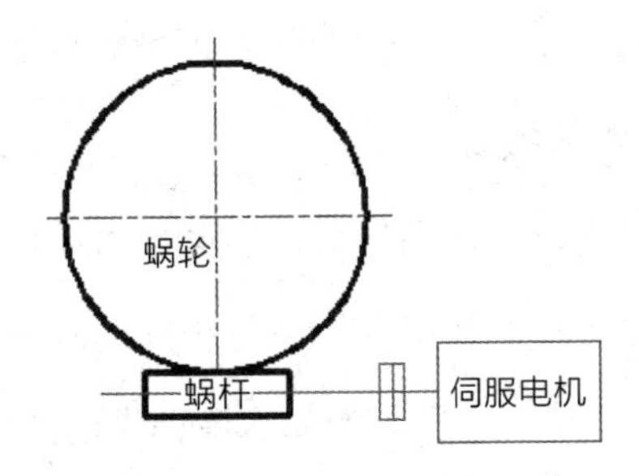

图 1-4　TK121600 型数控转台传动示意图

大重型数控转台（数控回转工作台）是大重型数控机床（确切地说，是四轴以上数控机床）上最具代表性的关键功能部件之一，如图 1-5 所示。数控转台支承系统的承载能力和承载刚度等指标直接影响着数控机床整机的技术性能。

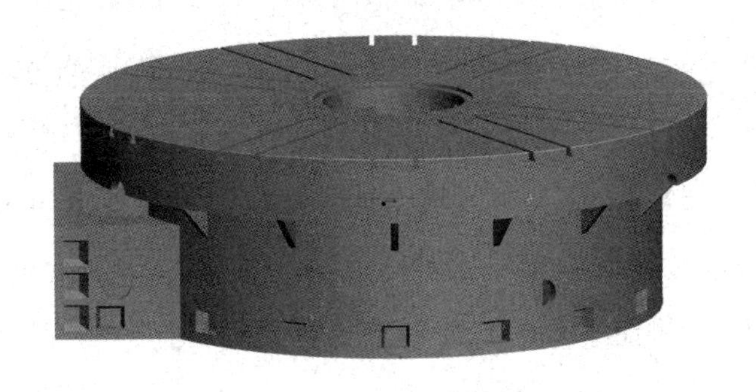

图 1-5　大重型数控转台模型

流体滑动支承是一种采用流体作为润滑介质的流体膜润滑支承。根据运动表面间流体膜形成原理，流体滑动支承大致分为三种形式：动压式、静压式、动静压式。与滚动支承相比，流体滑动支承具有摩擦系数小、磨损轻微、寿命长、运动精度高、耐高低温、低噪声、无污染等优点。[6]

流体动压滑动支承只有在运动副之间达到一定运转速度，产生良好的动压效应，并形成流体压力膜时，才具有摩擦系数小、抗震性好、较高的承载力和刚度、无干摩擦等一系列优点。若流体动压滑动支承运动副需要在较低转速下加工工件，运动副之间就很难形成压力膜，非常容易发生边界摩擦，甚至干摩擦，不可避免地就要降低设备的精度，减少其寿命。

液体静压滑动支承（简称液体静压支承，又称为液体静压轴承）就是试图克服上述缺点而在动压滑动支承的基础上发展起来的。液体静压支承是靠外部的液体压力源向摩擦表面之间供给一定压力的润滑油，借助油液静压力来承受外载荷。液体静压支承具有承载能力大、工作范围宽、运动精度高、摩擦系数和驱动功率低、工作寿命长、抗震性能优良等特点。[7]液体静压支承油膜的承载能力直接影响到整个机床运行的可靠性、寿命和经济指标。油膜必须具备两个基本性能，即足够的承载能力和抵抗外载荷增加的刚度，这样才能保证支承件的正常运行。因此，对油膜承载能力及刚度的研究就显得非常重要。

本课题以大重型数控转台 SKZT2000 为研究对象，内容包括以下几点：根据使用要求，确定转台的传动方案和主轴支承方式；根据电机与转台之间的转速关系，确定各级传动比，并给出双导程蜗轮蜗杆的设计步骤；利用 ADAMS 软件研究蜗杆与台面之间转速、扭矩之间的动力学关系；最后利用 FLUENT 软件分析静压支承系统中所使用的圆环形油腔定压供油静压推力轴承（或称静压导轨）和回形槽式多油垫定量供油静压径向轴承，获得静压推力轴承和静压径向轴承静态承载能力及刚度。本课题具有一定的学术价值。

1.3　国内外相关领域的研究现状

由于液体静压轴承具有工作范围宽、承载能力大等一些优点，所以它被广泛应用到大重型设备中并成为核心部件。为了摸清润滑机理，了解节流器、油腔结构、惯性流及离心力、温度及热变形对静压轴承动静态性能的影响程度，从而进一步提高其性能，国内外工程技术人员进行了大量的研究工作。

在节流器设计方面，清华大学摩擦学国家重点实验室和俄罗斯圣彼得堡彼得皇家理工大学共同提出带节流器的自适应性静压轴承系统动态品质的分析与优化方法，通过在系统内以不同方式引入类型各异的校正装置，改善了轴承系统的动态特性，提高了主轴的回转精度。[8] 丁叙生设计了一种新型液体静压轴承液阻可调式节流器，但为手动控制方式[9]，并以主轴系统刚度与总功耗之比值最大为目标函数，主轴系统刚度准则为主要约束条件，对液体静压轴承进行了优化设计，成倍提高了单位总功耗的主轴系统刚度。[10] 齐乃明针对传统静压气体径向轴承由于低刚度而引起的振动和运动精度不够高等缺陷，提出了一种自主式气体轴承控制方案，使轴承获得无穷刚度。[11] 孙爽等对薄膜反馈节流液体静压轴承采用复合形法进行模糊优化设计。[12] 孟心斋等对新型变径毛细管节流开式静压推力轴承承载能力进行了分析研究。[13] 祈建中提出了一种用于圆锥静压、动静压轴承的并联节流器的新结构，给出了该轴承的承载能力和静刚度的简化计算公式，并分析了主要参数对支承性能的影响，提出了这种并联节流器对圆锥轴承的径向承载能力及其轴向承载能力都具有明显的调节作用，因而具有一定的推广和使用价值。[14] Christian Brecher、Christoph Baum、Markus Winterschladen 和 Christian Wenzel 对薄膜节流器静压轴承的动态性能进行了分析和研究，并指出了一种考虑高速轴承油流速度的设计优化方法。[15]

由于各种节流形式在高频下具有几乎相同的动态刚度，近几年研究重点又转为静压油腔结构方面，用尽可能简单而便于加工的节流器与合理的油腔结构相匹配，达到良好的动静特性。

在油腔结构方面，英国学者 Robert E. Johnson 和 Noah D. Manring 在设计静压推力轴承时采用浅油腔，而不是传统的深油腔，并找出了它们的细微差别。通过使用几何形状的二维模型，提取封闭形状的浅油囊设计基本特征，通过轴承油腔不同的宽度识别出油腔不同深度的作用。[16] 埃及学者 T. A. Osman 等通过自行设计的测试装置，分析了油腔的尺寸和位置对静压推力轴承的承载性能的影响。[17]T. A. Osman 又研究了动载情况下静压推力轴承环形槽油腔的设计，分析了半径率、油腔数和倾斜参数对承载能力、轴承刚度、阻尼系数和流量的影响。[18] 在国内，刘基博对静压轴承油腔结构进行了优化，将矩形单腔平面支承优化计算结果应用到双油腔静压轴承设计上。[19] 张永宇研究了深浅油腔缝隙节流浮环动静压推力轴承，使轴承的径向油膜和轴向油膜从原来的单层油膜变成了双层油膜，降低了轴承的摩擦功耗，有效地解决了对速度、精度要求较高的动静压滑动轴承在高速、大载荷工况下摩擦功耗上升较快、升温不易控制的难题[20]。刘震北、张百海分析了在最大油膜刚度条件下承载能力最大准则所设计的阻尼管型静压支承的最佳油腔，对旋转引起的惯性效应并不敏感，给出了静压支承最佳油腔设计经常遵循的两个准则：一是容积功率损失最小；二是最大油膜刚度条件下承载能力最大。[21] 朱希玲在给定条件下，以承载能力最大为目标函数，通过应用 ANSYS 有限元软件对油腔与轴瓦的结构参数进行优化，其优化结果为静压轴承的改进设计提供了最优数据。[22-23] 邵俊鹏等针对重型静压轴承油腔结构优化问题，利用有限体积法，模拟了扇形腔和椭圆形腔间隙流体的压力场和温度场，并建立了旋转坐标系下的控制方程，探讨了在转速、腔深及有效承载面积相同时两种腔形的压力及温度分布规律，优化了重型静压轴承的油腔结构。[24]

随着现代科学技术不断发展，人们对转速的要求也越来越高。例如，日本、美国高速磨床的切削速度已经达到 200 m/s，而与切削速度目标值 600 m/s 还有一定差距。要达到目标值，主轴的转速至少要达到 100 000 r/min 以上。要达到如此高的工作转速，惯性流及离心力对轴承性能的影响就不容忽视。

在惯性流及离心力方面，英国学者 J. D. Jackson 和 G. R. Symmons 对平行平板径向流压力分布进行了理论研究，得出惯性力对轴承性能的影响是不可忽略的。[25] 印度学者 T. Jayachandra 和 N. Ganesan 利用线性三角形单元对具有圆形腔的圆锥静压推力轴承的承载能力进行有限元分析，提出惯性力对轴承性能的影响不可忽略。[26]T. Jayachandra 和 N. Ganesan 分析了多油腔的静压推力轴承的倾斜对轴承性能的影响，发现油腔的半径率、腔型和旋转惯性力对承载能力及润滑性能有一定影响。[27-30] 美国学者 J. F. Osterle 和 W. F. Hughes 通过研究发现高速时惯性力对静压推力轴承承载性能的影响不容忽略。他们又对静压推力轴承在极速旋转时由惯性力引起的气穴现象进行了研究。Ghosh 和 Mujumdar 通过研究发现流体惯性力和油腔中的流体的可压缩性对静压推力轴承承载性能有一定的影响。[31]Ting 和 Mayer 通过研究离心力和热对平行平板静压推力轴承性能的影响，发现离心力和热对推力轴承性能影响非常明显。在国内，刘震北与王成敏通过使用近似迭代法对锥坐标下的 N-S 偏微分方程进行了理论计算，求出了考虑惯性效应的锥环形静压止推轴承的压力分布和速度分布。[32] 东北大学的赵恒华将液体动静压混合轴承应用于自行研制的超高速磨削实验磨床上，通过对主轴间隙、主轴加工精度和表面粗糙度以及轴承供油系统的合理调整，提高了主轴的旋转精度，减少了主轴的磨损和发热量。[33] 郭力对动静压轴承进行了深入的研究，并指出动静压混合轴承是将来高速、高精度机床的必由之路。[34-35]

在考虑温度及热变形影响方面，印度学者 J. S. Yadav 研究了惯性力、变黏度和变密度对静压推力轴承性能的影响。[36] 埃及学者 Zeinab S. Safar 利用有限微分法在绝热条件下研究热对静压推力轴承性能的影响，结果表明在油腔较多、倾斜较大时，热的影响较显著。[37] 张艳芹应用 FLUENT 软件对椭圆腔和扇形腔静压导轨的流场和温度场分别进行模拟计算，得出润滑油温升主要来源于工作台旋转带动油膜剪切产生及系统发热，与工作台转速有密切关系。[38] 于晓东对圆形腔和扇形腔多油垫定量供油重型静压推力轴承油膜的压力场、流速场及温度场进行了模拟计算和实验研究，得出在流量和油腔深度不变时油腔压力随着油腔面积增大先增大后减小，油腔压力出现最大值。[39] 郅刚锁对推力轴承油膜温度场做了可视化研究，在推力轴承三维热弹流计算的基础上用可视化技术详细地研究了油膜温度场的三维分布情况。[40] 刘大全等考虑温黏效应对椭圆瓦轴承特性系数进行了分析。[41] 刘宾采用有限差分法，对径向空气轴承的压力场进行了二维数值仿真，得到了在不同偏心率下的压力场分布图。[42]

在考虑粗糙度影响方面，我国台湾学者 Jaw-Ren Lin 基于 Christensen 随机性理论分析表面粗糙度对静压推力轴承动刚度和阻尼性能的影响，总结出圆周方向的粗糙度使动刚度和阻尼有所提高，而径向的粗糙度对动刚度和阻尼的影响正好相反。[43] 埃及学者 Ahmad W. Yacout、Ashraf S. Ismaeel 和 Sadek Z. Kassab 分析了惯性力与表面粗糙度对静压球面轴承性能的综合影响。[44]

在自主控制理论研究方面，Canbulut、Cem 等利用神经网络分析了静压轴承的泄油量，并实时模拟静压轴承系统。[45]F. Canbulut、S. Yildirim 和 C. Sinanoglu 应用人工神经网络分析了静压滑动轴承粗糙度、相对速度、供油压力与摩擦功率的关系。[46]

第2章

数控转台传动结构设计及动力学分析

2.1 总体结构设计

本书数控转台的设计基于自主研发的高速成形铣齿机，如图 2-1 所示。

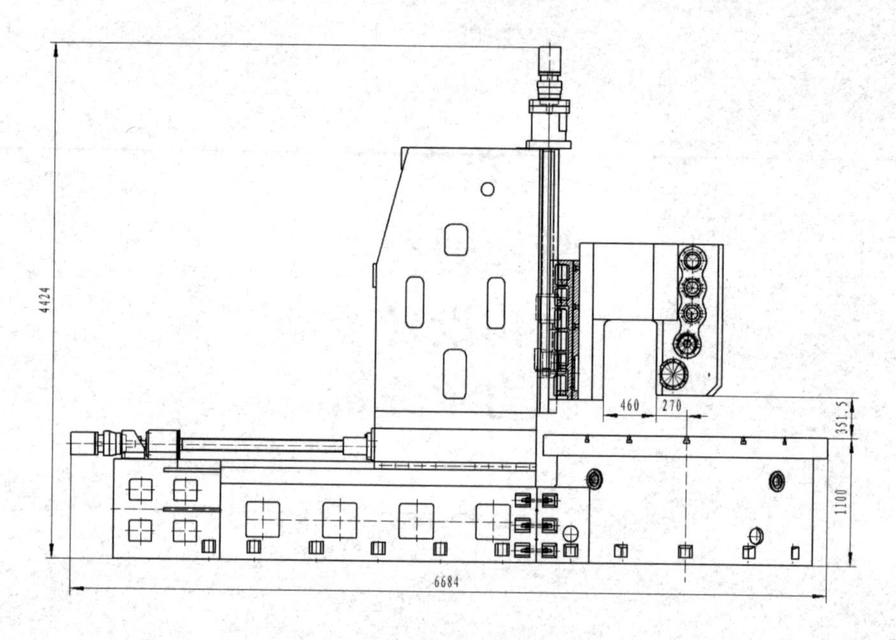

图 2-1 高速铣齿机外形尺寸图

根据成形铣齿加工对转台的要求，确定回转台几何及物理参数，如表 2-1 所示。

表2-1 数控转台的技术要求

技术性能	指　标
转台台面直径 /mm	2 000
转动速度 /（r/min）	3
T 型槽尺寸 /mm	16×28

续 表

技术性能	指　标
转台最大负载 /kg	20 000
转台的回转定位精度	12″
转台回转重复定位精度	± 3″

在初步考虑上述要求并借鉴他人经验的情况下，设计转台的结构，如图 2–2 所示。

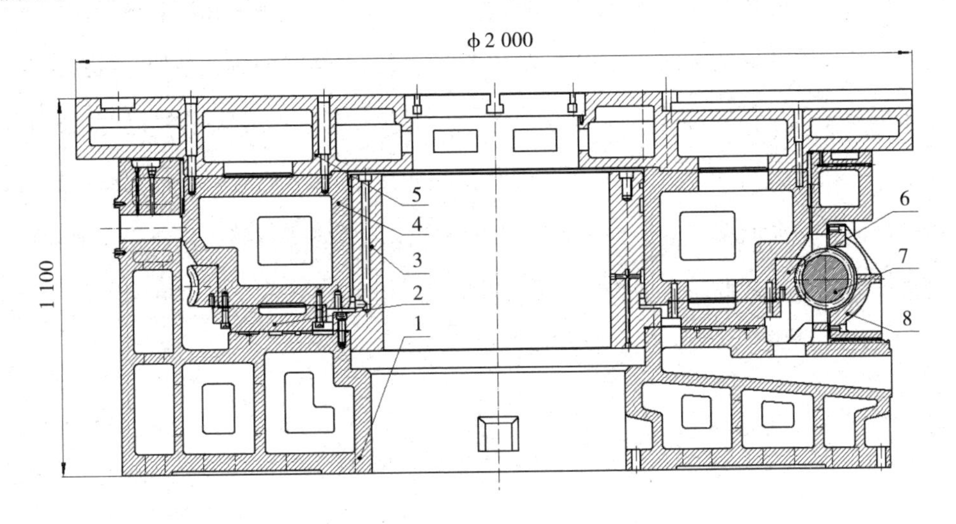

图 2–2　数控转台结构图

1—底座；2—导轨；3—主轴；4—蜗轮座；5—台面；6—蜗轮；7—蜗杆；8—蜗杆支架

在总体设计阶段重点考虑以下两方面的问题：一是传动机构的选取；二是主轴轴承的选取。

（1）传动机构方案选取。数控转台的传动机构有多种，相对常见的有齿条齿轮、齿轮、蜗轮蜗杆、齿轮加蜗轮蜗杆、同步带轮加蜗轮蜗杆等。如果用直接驱动技术则没有传动机构，但还有困难点需要再进行深层次的研究。传动机构中最重要的指标就是传动精度。要保证数控转台精度，就要让传动链尽可能缩短，减少零件之间的间隙对运动时精度产生的不良影响，最好可以使电机与减速蜗杆直连。本设计采用双导程精密蜗轮蜗杆传动，具有结构紧凑、工作平稳、传动比大、间隙可调等优点。同时，用调整垫片调整蜗杆的轴向位置消除蜗轮蜗杆副的啮合侧向间隙。

（2）主轴的轴承方案选取。转台主轴径向采用液体静压轴承。这种轴承具有传动效率高、承载能力大、支承刚度大、旋转精度高、抗振动及使用期限较长等优点。孙爽等[12]阐述了一种液体静压轴承的优化设计方法。孟心斋等[13]对大尺寸静压轴承在受热时的稳定性及受热时的变形进行了数值分析。主轴对轴向支承的承载能力要求比较高，为了能保证转台具有良好的静压刚度和良好的运动精度，必须有性能非常好的卸荷装置作为基础。[14-15]目前，卸荷的方式包括机械式卸荷、静压卸荷（气压与液压）以及磁力卸荷。[16]其中，机械式卸荷与静压卸荷应用较为广泛。机械式卸荷可以间歇式调整负载的卸荷量，但不能实现载荷动态卸载。相比机械式卸荷而言，液压卸荷则可以做到卸荷量随外载荷的变化而相应地变化。初步确定转台主轴轴向支承采用液压卸荷导轨。

2.2 传动机构设计

本设计的传动机构是双导程精密蜗轮蜗杆。目前，对双导程蜗轮蜗杆没有严格意义上的标准的计算方法。设计方法式是大家普遍采用的一种计算方法，进行设计时先按普通蜗轮蜗杆进行结构设计，得到相应的基本参数，再根据要求计算出双导程蜗杆复杂的几何尺寸。

2.2.1 蜗轮蜗杆的结构设计

1. 传动方案的确定

本设计中传动的动力来源于电机，选择电机为西门子 1FT6108-8AF71-1AG0，额定工况下其转速为 3 000 r/min。如表 2-1 所示，本书所涉回转工作台的转速为

3 r/min，两者的转速差异巨大，需要高达 1 000 的传动比。这就要求有两个级别的传动。选择一级为行星减速器（与电机、蜗杆同轴），二级为蜗轮蜗杆。行星减速器选购 Alpha 的产品，对照它的产品目录，选择型号 SP180S-MF1-7-0K1，传动比为 7。这样，蜗轮蜗杆的传动比最好大于 1 000/7=142.8，预测在实际的应用过程中转台的转速有时候要求会比 3 r/min 低，故取蜗轮蜗杆传动比为 180。

2. 蜗轮蜗杆设计计算

依据《机械设计手册 · 齿轮传动》相关步骤进行校核设计。

交流伺服电机的功率：37/70 N · m 、3 000 r/min，70 为静态扭转力矩，功率为 $P=\frac{3\,000}{60}\times 2\pi\times 70=22.0\ \text{kW}$ 。 $n_1=\frac{3\,000}{7}=428.6\ \text{r}/\text{min}$， $n_2=\frac{428.6}{180}=2.38\ \text{r}/\text{min}$， $u=180$；蜗轮需要承担的扭转力矩 $T_2=iT_1\eta=180\times 7\times 70\times 0.677=59\,711.4\ \text{N}\cdot\text{m}$；冲击形式为轻微，推荐系数 $K_A=1.25$；总时间 L_h=$300\times 24\times 10\times 40\%=28\,800\ \text{h}$（预计寿命 10 年），负载连续工作率为 40%；采用普通圆柱蜗杆传动 ZA 型，选择材质为 40Cr；热处理为调质，硬度为 30 ～ 37 HRC；蜗杆材质定为离心铸造工艺获得的 ZCuSn10Pb1（铸锡磷青铜），其允许的相互接触应力为 $\sigma_{H\lim}=425\ \text{N}/\text{mm}^2$。如果采用常规铸造工艺，其许用应力为 $\sigma_{H\lim}=265\ \text{N}/\text{mm}^2$。采用油浸式润滑，机床负载平稳。发生疲劳点蚀破坏的安全系数 $S_{H\lim}$=1.3 。

蜗杆尺寸的确定：$a\geqslant 10\times\sqrt[3]{T_2K_A\left(\frac{Z_\rho Z_E S_{H\lim}}{Z_h Z_n \sigma_{H\lim}}\right)^2}$

依据《机械设计手册》可知 $\sigma_{H\lim}=425\ \text{MPa}$， $Z_E=147\ \text{MPa}$；

由于蜗杆热处理为调质，故得 $\sigma_{H\lim}$=425×0.75=318.75 MPa；

由于 $u=180$，设定 $d_1/a=0.15$， Z_ρ=4.0；

蜗杆的寿命系数为 $Z_h=\sqrt[6]{25\,000/L_h}=\sqrt[6]{\frac{25\,000}{28\,800}}=0.98$；

旋转速度对负载周期循环次数的影响为 $Z_n=\left[\frac{1}{(3/8)+1}\right]^{1/8}=0.96$；

$$a\geqslant 10\times\sqrt[3]{T_2K_A\left(\frac{Z_\rho Z_E S_{H\lim}}{Z_h Z_n \sigma_{H\lim}}\right)^2}=10\times\sqrt[3]{59\,711.4\times 1.25\times\left(\frac{4.0\times 147\times 1.3}{0.98\times 0.96\times 318.75}\right)^2}=785.7\ \text{mm};$$

中心距参数取整为 a=800 mm。

（1）设 m=8 mm， $d_1 = 0.15a = 0.15\times800 = 120$ mm，则 $q = d_1 / m = 120/8 = 15$；$z_1 = (7+2.4\sqrt{a})/u = (7+2.4\sqrt{800})/180 = 0.42$，取 $z_1 = 1$， $z_2 = uz_1 = 180$。

重新计算 a： $a = 0.5(q+z_2)m = 0.5\times(15+180)\times8 = 780\ \text{mm} < 785.7\ \text{mm}$ 不符合设计要求。

（2）设 d_1=0.15a=0.15×800=120mm，则 q=d_1/m=120/10=12； $z_1 = (7+2.4\sqrt{a})\ /u = (7+2.4\sqrt{800})/180 = 0.42$；设 $z_1 = 1$， $z_2 = uz_1 = 180$。

重新计算 a： $a = 0.5(q+z_2)m = 0.5\times(12+180)\times10 = 960\ \text{mm} > 785.7\ \text{mm}$ 符合设计要求，那么 d_1=0.15×960 = 144 mm，标准化为 160 mm。$q = d_1 / m = 160/10 = 16$。

重新计算 a： $a = 0.5(q+z_2)m = 0.5\times(16+180)\times10 = 980\ \text{mm} > 785.7\ \text{mm}$，则 d_1=0.15 ×980 = 147 mm，标准化为 160 mm。$q = d_1 / m = 160/10 = 16$。

基于上述研究方案（2），即 m=10 mm， $q = 16$， $z_1 = 1$， $z_2 = 180$， $a = 980$ mm，d_1=160 mm，则蜗杆分度圆导程角 γ： $\tan\gamma = z_1/q = 1/16 = 0.062\,5$； $\gamma = 3.58° = 3°34'35''$。

3. 润滑方式选择

根据上面的计算结果得， $n_1 = 428.6$ r/min， $d_1 = 160$ mm，相对滑动速度 $v_s = \pi d_1 n_1 / (60\times1\,000\cos\gamma) = \dfrac{\pi\times160\times428.6}{60\times1\,000\times0.998} = 3.60$ m/s。

据图 2-3 蜗轮蜗杆传动润滑方式选择曲线，由于相对滑动时的速度很大，且不容易将热量散发出去，同时考虑到结构布置的相应问题，最终确定以喷油润滑的方式解决这个问题。

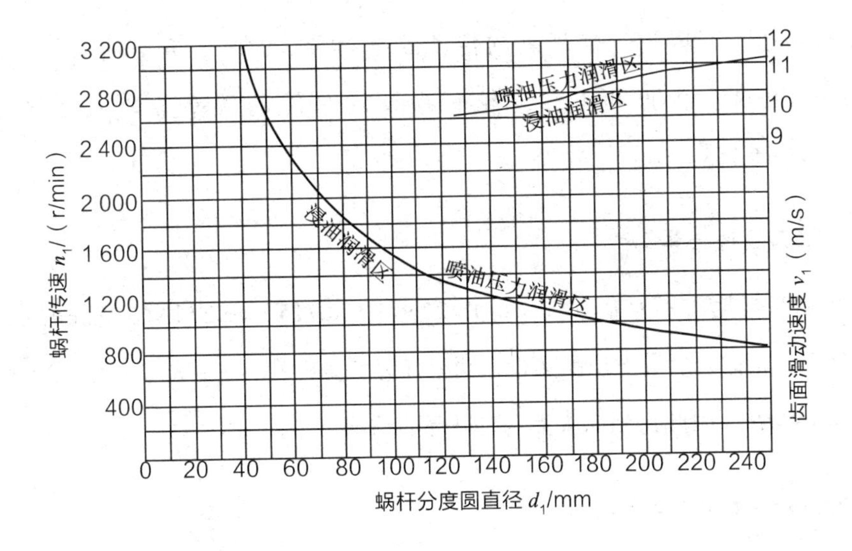

图 2-3　蜗杆传动润滑方式选择曲线

4. 确定润滑油

由于 $q = d_1 / m = 160 / 10 = 16$， $\gamma = 3.58^\circ = 3^\circ 34'35''$，蜗轮—蜗杆相对滑动速度为 $v_s = \pi d_1 n_1 / (60 \times 1\,000 \cos\gamma) = (\pi \times 160 \times 428.6)/(60 \times 1\,000 \times 0.998) = 3.60\ \mathrm{m/s}$，依据表 2-2 可知，蜗轮—蜗杆的推荐润滑油为 320#，其黏度为 $v_{40} = 320\ \mathrm{mm^2/s}$。

表2-2　蜗杆传动润滑油黏度值

滑移速度 v_s /（m/s）	≤ 1.5	> 1.5 ～ 3.5	> 3.5 ～ 10	> 10
黏度值 v_{40} /（mm²/s）	> 612	414 ～ 506	288 ～ 352	198 ～ 242
ISO-VG 级或 GB 级	680	460	320	220

5. 蜗杆—蜗轮传动效率的确定

在运动速度 $v_s = 3.60\ \mathrm{m/s}$时，$\rho = 1.27^\circ$。

蜗轮—蜗杆副的啮合效率为 $\eta_1 = \dfrac{\tan\gamma}{\tan(\gamma + \rho)} = \dfrac{\tan 3.58^\circ}{\tan(3.58^\circ + 1.336\,7^\circ)}$=0.737，

在油浸状态下，蜗轮—蜗杆副的传动效率为 $\eta_2 = 0.98$，滚动轴承的传动效率为 $\eta_3 = 0.99$。由此可知，蜗轮—蜗杆的总传动效率 $\eta = \eta_1\eta_2\eta_3 = 0.737 \times 0.99 \times 0.98 = 0.715$。

6. 温升校核验算

传动时损耗功率为 $P_v = P_1(1-\eta) = 22 \times (1-0.715) = 6.27$ kW。在正常自然通风条件下，箱体表层散发出的热量以功率计为 $P_Q = K_A(t_1 - t_1) = 8.7 \times 20 \times 2.5 \times 10^{-3} = 0.44$ kW$<P_v$，因此得到润滑油需要循环的结论。

7. 蜗轮点蚀破坏验证

$\sigma_{H\lim} = 425$ MPa，蜗杆在调质后（不磨削），需要 $\sigma_{H\lim}$ 乘以 0.75，得 $\sigma_{H\lim} = 425 \times 0.75 = 318.75$ MPa；$Z_E = 147$ MPa；工作载荷形式为轻微冲击，系数为 $K_A = 1.25$；由于 $u = 180$，取 $d_1 / a = 0.15$，$Z_\rho = 4.0$；总工作小时数为 $L_h = 300 \times 24 \times 10 \times 40\% = 28\,800$ h（预计寿命 10 年）。因此，此处设定安全系数为 $Z_h = \sqrt[6]{25\,000 / L_h} = \sqrt[6]{\dfrac{25\,000}{28\,800}} = 0.98$；回转速度对载荷周期变化的影响系数为 $Z_n = \left[\dfrac{1}{(2.78/8)+1}\right]^{1/8} = 0.96$；$T_2 = iT_1\eta = 180 \times 7 \times 70 \times 0.715 = 63\,063$ N·m。蜗轮齿面发生点蚀破坏的安全系数为

$$S_H = \frac{\sigma_{H\lim} Z_h Z_n}{Z_E Z_\rho \sqrt{\dfrac{1\,000 T_2 K_A}{a'^3}}} = \frac{318.75 \times 0.98 \times 0.96}{147 \times 4.0 \times \sqrt{\dfrac{1\,000 \times 63\,063 \times 1.25}{980^3}}} = \frac{300.0}{170.2} = 1.76$$

则，$S_H > S_{H\min} = 1.3$。

如果应用传统铸造工艺：

$$S_H = \frac{\sigma_{H\lim} Z_h Z_n}{Z_E Z_\rho \sqrt{\dfrac{1\,000 T_2 K_A}{a'^3}}} = \frac{265 \times 0.75 \times 0.98 \times 0.96}{147 \times 4.0 \times \sqrt{\dfrac{1\,000 \times 63\,063 \times 1.25}{980^3}}} = \frac{187.0}{170.2} = 1.10$$

那么，$S_H < S_{H\min} = 1.3$。

8. 蜗轮轮齿的弯曲强度校核

由于无变位，$d_2=1\,800\ \text{mm}$；$F_{t2}=\dfrac{2\,000T_2}{d_2}=\dfrac{2\,000\times 63\,063}{1\,800}=70\,070\ \text{N}$，

$b_2=2m(0.5+\sqrt{q+1})=2\times 10\times(0.5+\sqrt{16+1})=92.5\ \text{mm}$，$U_{\lim}=190\ \text{MPa}$。

齿根弯曲强度安全系数为 $S_F=\dfrac{U_{\lim}mb_2}{F_{t2}K_A}=\dfrac{190\times 10\times 92.5}{70\,070\times 1.25}=2.01>S_{F\min}=1\sim 1.7$。

如果应用传统铸造工艺，那么齿根弯曲强度的安全系数 $S_F=\dfrac{U_{\lim}mb_2}{F_{t2}K_A}=$ $\dfrac{115\times 10\times 92.5}{70\,070\times 1.25}=1.21<S_{F\min}=1\quad 1.7$，不符合设计要求。

9. 蜗杆的刚度校核

$T_1=i_1T_0=7\times 70=490\ \text{N}\cdot\text{m}$，$F_{t1}=\dfrac{2\,000T_1}{d_1}=\dfrac{2\,000\times 490}{160}=6\,125\ \text{N}$，

$\gamma=3.58^{\circ}=3^{\circ}34'35''$，取 $\alpha_n=15^{\circ}$，那么

$$\alpha_x=\arctan(\tan\alpha_n/\cos\gamma)=\arctan(\tan 15^{\circ}/\cos 3.58^{\circ})=15.028\,7^{\circ}$$

$$F_{r1}=F_{x1}\tan\alpha_x=F_{t2}\tan\alpha_x=70\,070\times\tan 15.028\,7^{\circ}=18\,812\ \text{N}$$

$$I=\pi d_1^4/64=\pi\times 160^4/64=3.217\,0\times 10^7\ \text{mm}^4$$

$$E_1=2.1\times 10^5\ \text{MPa}$$

当跨距为 $l=850\ \text{mm}$，圆柱蜗杆的最大挠曲度为

$$\delta=\frac{(\sqrt{F_{t1}^2+F_{r1}^2})l^3}{48E_1I}=\frac{(\sqrt{6\,125^2+18\,812^2})\times 850^3}{48\times 2.1\times 10^5\times 3.217\,0\times 10^7}=0.037\ \text{mm},$$

$\delta<\delta_{\lim}=0.01m=0.01\times 10=0.1\ \text{mm}$，符合刚度要求。

2.2.2 双导程蜗杆的运动原理与设计计算

基于上述所得基本参数：$z_1=1$，$z_2=180$，$m=10\ \text{mm}$，$\alpha_n=15^{\circ}$，$q=16$，$h_a^*=1$，$c^*=0.2$。双导程蜗杆（也称渐厚蜗杆）有多种类型，本书采用阿基米德双导程圆柱蜗杆。

1. 双导程蜗杆的工作原理

双导程蜗杆与普通蜗杆的区别在于，双导程蜗杆的左齿面和右齿面具有不相同的节距，但齿面在同侧面的时候节距则是相同的。

双导程蜗杆的齿形特征如图 2–4 所示。例如，左齿面节距为 15，右齿面节距为 17，但在同一侧没有任何变化，这就使从左到右蜗杆轴向齿厚发生增大情况，而蜗轮齿厚保持一致。因此，可以调整蜗杆到较为合适的轴向位置，使这个位置的齿厚与蜗轮啮合达到无侧隙的效果。

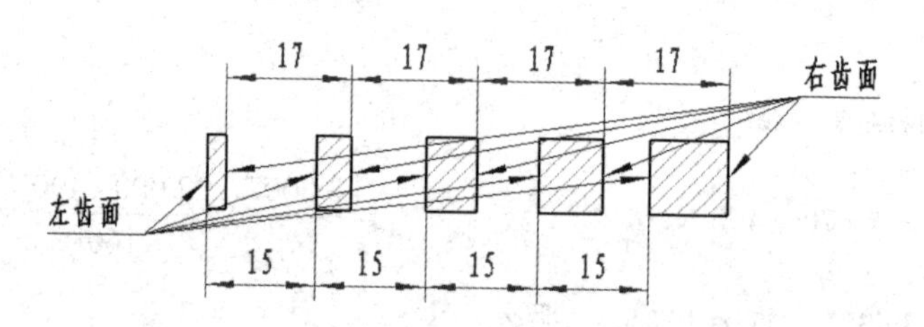

图 2–4　双导程蜗杆的齿形特征

双导程蜗杆传动的啮合原理与普通蜗杆传动没有太大差异。在垂直于蜗轮轴线的中间平面，通过蜗杆轴线并垂直于中间的平面内，基本上就类似于齿条与齿轮之间的啮合。双导程蜗杆的左右齿面节距不同，因而模数也不同，公称模数为两者的平均值。

2. 双导程蜗杆的设计计算

根据刘基博等文章中的双导程蜗杆传动的设计与计算 [19] 相关内容进行计算，如表 2–3 所示。

表2-3　双导程蜗杆的设计计算

序　号	代　号	计算公式	结　果
1	K_s	$K_s \leqslant \dfrac{4h_a^*}{z_2}$	0.020
2	Δs	$\Delta s \approx \pi m K_s$ 通常设定 $\Delta s = 0.3\backslash 0.6$	0.5 mm
3	Δm	$\Delta m = \dfrac{1}{2} m K_s = \dfrac{1}{2}(\Delta m_R + \Delta m_L)$ 在左齿面、右齿面模数相等时： $\Delta m = \Delta m_R = \Delta m_L$	0.1 mm
4	d_1	$d_1 = mq$	160 mm
5	d_{a1}	$d_{a1} = m(q + 2h_a^*)$	180 mm
6	d_{f1}	$d_{f1} = m(q - 2h_a^* - 2c^*)$	136 mm
7	p_x	$p_x = \pi m$	31.415 9 mm
8	p_z	$p_z = z_1 p_x$	31.415 9 mm
9	γ	$\tan\gamma = \dfrac{m z_1}{d_1}$	3.576°
10	m_R	$m_R = m + \Delta m_R$	10.1 mm
11	m_L	$m_L = m - \Delta m_L$	9.9 mm
12	p_{xR}	$p_{xR} = \pi m_R$	31.730 0 mm
13	p_{xL}	$p_{xL} = \pi m_L$	31.101 8 mm
14	p_R	$p_R = z_1 p_{xR} = z_1 \pi m_R$	31.730 0 mm
15	p_L	$p_L = z_1 p_{xL} = z_1 \pi m_L$	31.101 8 mm
16	d'_{R1}	$d'_{R1} = d'_1 - \Delta m_R z_2 \quad d'_1 = d_1$	142 mm
17	d'_{L1}	$d'_{L1} = d'_1 + \Delta m_L z_2 \quad d'_1 = d_1$	178 mm
18	γ_{R1}	$\tan\gamma_{R1} = \dfrac{m_R z_1}{d_1}$	3.612° 3°36′43″
19	γ_{L1}	$\tan\gamma_{L1} = \dfrac{m_L z_1}{d_1}$	3.541° 3°32′26″

续表

序号	代号	计算公式	结果
20	b_e	啮合宽度	162.245 mm
	Δb	$\Delta b=\dfrac{\Delta s}{K_s}$	25 mm
	b_T	$b_T=2\pi m$	62.8 mm
	b_1	$b_1=b_e+\Delta b+b_T$	约 250 mm
21	b_n	当 $m_R>m_L$ 时， $b_n=e_{R1}+0.5b_T$ 或者 $b_n=e_{L2}+0.5b_T$，取最大	100 mm
22	s_{x1}	$s_{x1}=\dfrac{1}{2}\pi m$	15.7 mm
23	s_{o1}	$s_{o1}=\dfrac{1}{2}\pi m-(b_x-b_n)K_s$ $=s_{x1}-(b_x-b_n)K_s$ 式中：b_x 为公称齿厚至薄齿端距离	15.208 mm
24	$\bar{s}_{o1n}$	$\bar{s}_{o1n}\approx s_{o1}\cos\gamma$	15.178 mm
25	$\bar{h}_{o1n}$	$\bar{h}_{o1n}\approx h_a^* m$	10
26	d_2	$d_2=mz_2$	1 800 m
27	d_{a2}	$d_{a2}=m(z_2+2h_a^*)$	1 820 mm
28	d_{e2}	$z_1=1$ 时，$d_{e2}\leqslant d_{a2}+2m$	1 840 mm
29	θ	θ 通常的推荐数值为 传递动力 $\theta=70^\circ\sim110^\circ$ 传递运动 $\theta=45^\circ\sim60^\circ$	55°
30	B	$B=b_1+(0.5\sim1.5)m$ $b_1=d_1\sin\dfrac{\theta}{2}$	84 mm
31	a	$a=\dfrac{1}{2}(d_1+d_2)$	980 mm
32	r_{g2}	$r_{g2}=a-\dfrac{1}{2}d_{a2}$	70 mm

续 表

序号	代号	计算公式	结果
33	d'_{R2}	$d'_{R2}=m_R z_2$	1 820 mm
34	d'_{L2}	$d'_{L2}=m_L z_2$	1 780 mm
35	γ'_{R1}	$\gamma'_{R1}=\arctan\dfrac{z_1 m_R}{d'_{R1}}$	4.126°
36	γ'_{L1}	$\gamma'_{L1}=\arctan\dfrac{z_1 m_L}{d'_{L1}}$	3.148°
37	α_{R1}	阿基米德螺旋形蜗杆 $\alpha_{R1}=\alpha_{Rn}$(标准值)	15°
38	α_{L1}	阿基米德螺旋形蜗杆 $\alpha_{L1}=\alpha_{Ln}$(标准值)	15°
39	$e_{f\min n}$	$e_{f\min n}\approx\left[\dfrac{1}{2}\pi m(1+K_s)-\dfrac{1}{2}b_1K_s-(h_a^*+c^*)m(\tan\alpha_{L1}+\tan\alpha_{R1})\right]\cos\gamma$ 并符合 $e_{f\min n}\geqslant 2\backslash 3$ 如果条件无法满足，应减小 Δs 或者 K_s	符合设计要求
40	z_{2min}	$z_{2\min}=\dfrac{2(h_a^*+c^*)}{\sin^2\alpha'_{R2}-0.5K_s\cos^2\alpha'_{R2}}$ 式中：c^* 为 0.25 并要求符合 $z_2>z_{2\min}$ 若不符合，需要增大 α_{R1} 或缩减 Δm 和 h_a^*	α'_{R2} 为大模数面蜗轮齿形角 $\alpha'_{R2}=\arctan\left(\dfrac{\tan\alpha_{Rn1}}{\cos\gamma'_R}\right)$ =15.037° $z_{2\min}=43$ $z_2=180>43$

2.3 虚拟样机技术

虚拟化的原型制造技术（Virtual Prototyping Technology）是一门综合性的复杂型分析技术，主要以机械系统运动学、动力学和控制理论为核心。在产品设计和开发的整个过程中，使用相对比较成熟的 3D 空间处理技术和基于图形的用户界面技术，将CAD与FEA有机整合，在计算机上完成相关产品的整体建模，并进行分析与仿真，从而实现对产品的整机性能测试。传统的设计方法是孤立地对产品的各个部分进行设计和仿真，需要机、电两部分的内容都完成后才可以进行整机性能测试。但是，如果在已经生产出物理样机后才发现产品在设计方面出现问题，势必让之前的努力付诸东流，在很大程度上造成再次反复设计，相对付出的生产代价会比较大。随着计算机辅助设计软件、计算机仿真及虚拟现实技术的发展，虚拟样机技术逐渐替代了物理样机的生产制造，在产品设计和制造过程中对节约时间、物资成本起到了很大作用。

与传统的物理样机相比，虚拟样机技术具有如下优势：

（1）价格低廉，产品设计速度快，减少了物理样机高昂的制造、装配费用。

（2）虚拟的样机技术便于及时改进，能够令各种相对综合的设计方案进行优劣对比，有较高的可实际实施性，并能够更加优质地选择出最好的设计方案。

（3）可有效支持并行设计，完成上下游的并行设计和多个专家的协同创新设计等。

输入、输出的标准性零部件只要具备独立功能就是模块。在一些特定工况下，将零件生产成标准化的模块比按照传统的纯零件进行加工更为经济。标准化的模组通常都具有标准性强、系列健全、集成化程度高和通用性强等特点。通常情况下，模块的划分以功能分析为初衷，功能模块可以被划分为多个生产模块，其部件可以作为基本模块使用。例如，数控机床的主轴箱零件、床身零件和夹紧装置既是基本模块，也是功能模块。

虚拟装配（Virtual Assembly，VA）是在虚拟化的工作环境中将虚拟化的数学模型进行装配的建立，并将该技术应用于实际产品设计、生产中，从而获得可观的经济收益。其中，虚拟装配（VA）是进行虚拟加工制造（VM）的重要部分。虚拟装配是可视化技术、仿真技术决策理论、装配制造工艺研究等多种技术综合应用的基础。在工程实践中，虚拟装配技术的实现有两个目的：一是验证设计结果并提供相关参考信息；二是装配连接的规划，并最终生成实用的装配工艺，对生产进行指导。

本设计用到了实体建模软件 CAXA 和动力学分析软件 ADAMS，对数控转台进行虚拟样机建模。

2.4 虚拟样机模型的建立

2.4.1 CAXA 软件基本介绍[57]

CAXA 软件是由北京北航海尔软件有限公司通过国际合作研发的三维设计软件。该软件在三维设计软件方面具有国际化的先进科技水平，结合了目前美国的最新科技专利技术、CAXA 多年来在 CAD/CAM 等技术方向所探索和积累出来的宝贵先进经验，从真正意义上使实体设计做到了简单易用。CAXA 实体设计 2006 专注于产品创新工程，为用户提供 3D 创新设计的计算机辅助设计平台，支持各种概念设计、总体设计、详细设计、工程设计、分析仿真以及数控加工等，已成为企业加快产品上市与更新速度、夺得国际化市场先机的核心生产工具。该软件在提供正常的参数化设计的同时，增加了与 Windows 类似的拖放操作，为 3D 环境下的设计工作提供了一种新的方法。

2.4.2 ADAMS 软件基本介绍[57]

1. 软件介绍

ADAMS（Automatic Dynamic Analysis of Mechanical Systems）即机械系统动力学自动分析，是由美国 MDI 公司（Mechanical Dynamics Inc.）开发的虚拟样机分析软件。目前，ADAMS 已经被全世界各行各业的数百家制造商所采用。

ADAMS 软件创建了完全参数化的机械系统几何形式模型，其求解器采用多刚体系统动力学理论中的拉格朗日方程方法，建立系统动力学方程，对虚拟的机械系统进行静力学、运动学以及动力学分析，输出位移值、速度值、加速度值和反作用力曲线。该软件的仿真特性可以用于预测机械系统的性能、运动范围、碰撞检测、峰值载荷以及计算有限元的输入载荷等。

ADAMS 既是用来分析虚拟样机的应用软件，用户可以使用该软件对虚拟机械系统进行静力学、运动学和动力学分析，又是虚拟样机分析开发工具，其开放性的程序结构和多种接口可以成为特定领域相关用户进行特殊类型虚拟样机分析的二次开发工具平台。目前，ADAMS 软件所支持的操作系统主要有 UNIX、Windows NT/2000/ME 等。

ADAMS 软件由接口模块、扩展模块、基本模块、工具箱和专业领域模块组成。用户不仅可以使用通用模块对一般的机械系统进行仿真，还可以使用专用模块对特定工业应用领域的问题进行快速有效的建模和仿真分析。

2.ADAMS 理论基础

ADAMS 的坐标系是综合利用反映绝对刚体质心 i 的直角坐标值和反映绝对刚体方向和角度的广义欧拉角，$q_i = [x, y, z, \psi, \theta, \phi]_i^T$，$\boldsymbol{q} = [q_1^T, \ \ , q_n^T]^T$。采用拉格朗日乘子法建立系统运动方程：

$$\frac{\mathrm{d}}{\mathrm{d}t}\left[\frac{\partial T}{\partial \boldsymbol{q}}\right]^T - \left[\frac{\partial T}{\partial \boldsymbol{q}}\right]^T + f_q^T \boldsymbol{\rho} + g_q^T \boldsymbol{\mu} = \boldsymbol{Q} \qquad (2\text{-}1)$$

式中：T ——整个系统的运动能量；

$\boldsymbol{q}$——整个系统的广义坐标矩阵；

$\boldsymbol{Q}$——整个系统的广义力矩阵；

$\boldsymbol{\rho}$——完全约束状态下拉普拉斯乘子矩阵；

$\boldsymbol{\mu}$——非完全约束状态下拉普拉斯乘子矩阵；

$\boldsymbol{q}$——整个系统的广义速度矩阵。

完整约束方程时 $f(\boldsymbol{q}, t) = 0$，非完整约束方程时 $g(\boldsymbol{q}, \boldsymbol{q}, t) = 0$。

在求解机械系统的动力学微分方程中，需要基于其传动系统的特点，选择与之相配套的求解算法。为此，ADAMS 提供了三种强大的积分求解器：

（1）ODE 法是通过刚体积分法求解微分方程；

（2）Newton–Raphson 算法通常是求解非线性代数方程组的有效方法；

（3）Sparse matrix 是求解线性方程组的有效方法。

ADAMS 软件的求解过程如图 2–5 所示。

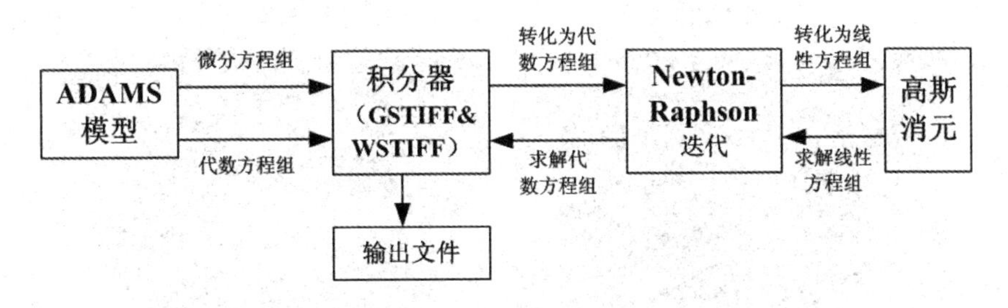

图 2–5　ADAMS 数据流程图

2.4.3　建立样机模型的具体步骤

1. 用 CAXA 建立实体模型

用 CAXA 实体设计 2006 建立如图 2–6 所示的实体模型。在创建 3D 数学模型时，综合运用了软件的拉伸、扫描、布尔运算、三维球等功能。

（a）工作台面实体模型

（b）蜗轮实体模型

（c）蜗杆螺纹部分实体模型

（d）主轴实体模型

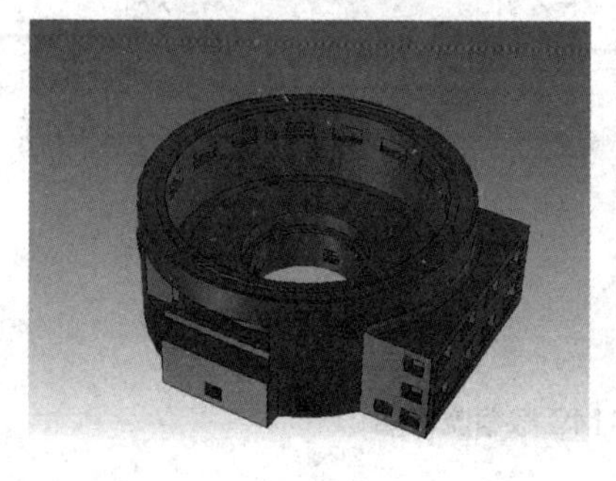

（e）底座实体模型

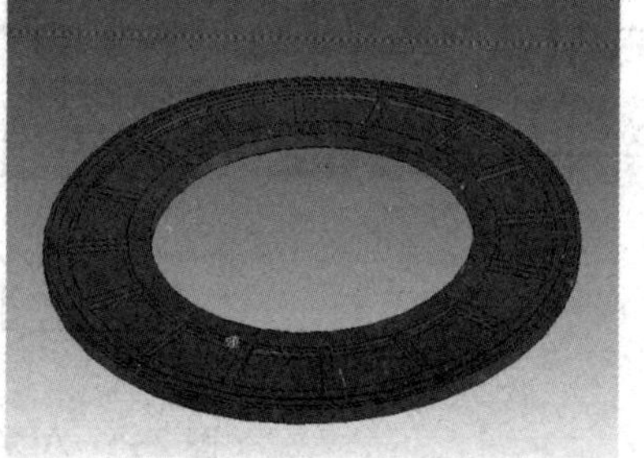

（f）导轨实体模型

图 2-6　转台零件模型

2. 模型的输出与导入

在 CAXA 的设计环境中，依据后续步骤生成 step 格式文件。第一步，选中实体模型，这一点很容易被忽视掉。如果不能选中模型，输出时会找不到相对应的文件格式。第二步，文件→输出→零件，选择 step 格式文件输出，然后将 step 格式文件导入 ADAMS 中。

依据上述步骤将所有模型都都导入 ADAMS 中，并调整好它们之间的相对位置，整机模型如图 2-7 所示。

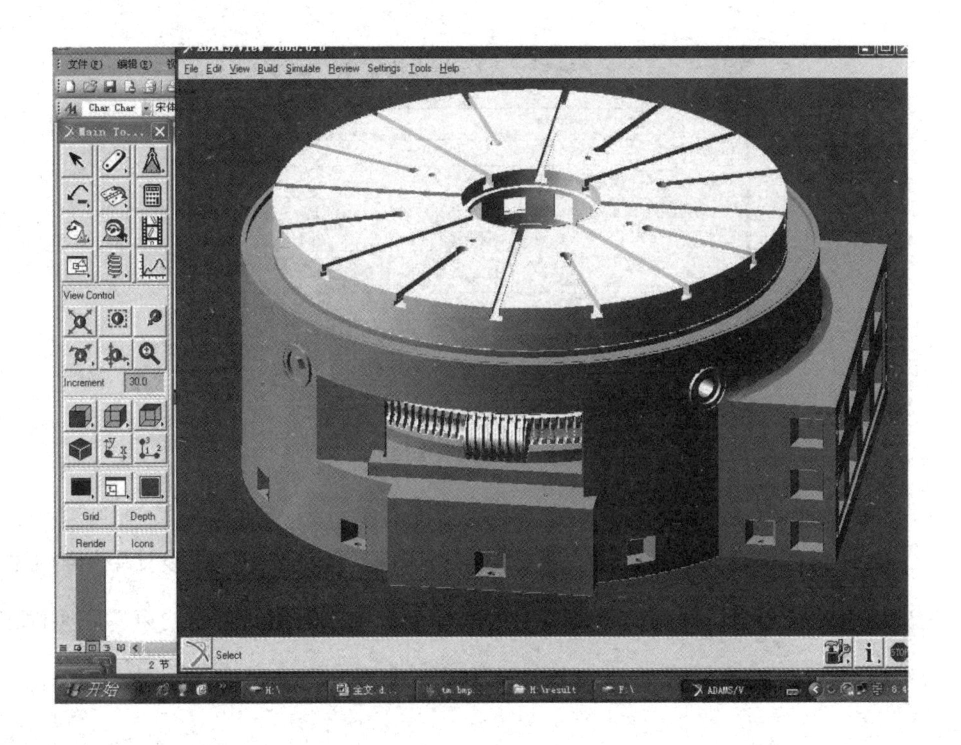

图 2–7　整机装配模型

3. 定义质量和约束[58]

在 CAXA 和 ADAMS 中可以完成质量以及惯性矩的计算，但由于模型是在 CAXA 里面建立的，所以用 CAXA 计算的准确率会比较高。先在 CAXA 里面计算质量和惯性矩等物理量，然后将这些量定义到 ADAMS 中。如图 2–8 所示，定义的是台面质量和惯性矩，依次对所有零件都进行定义。

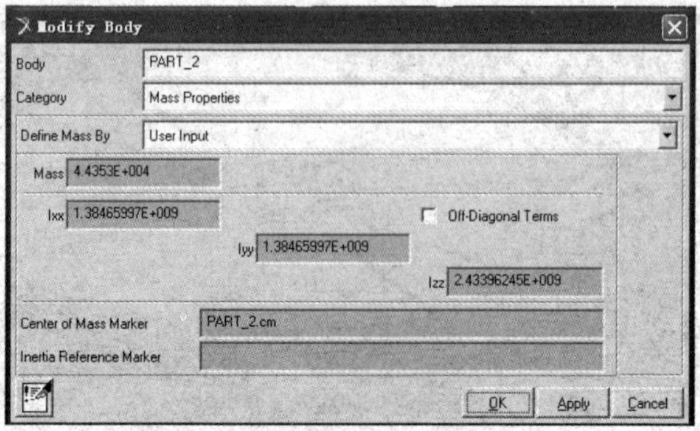

图 2-8　质量和惯性矩的定义

要使物体运动具有确定性，就要对该物体进行各种约束。本设计中用到了齿轮副约束蜗杆和蜗轮之间的运动关系，蜗杆与机架之间用回转副约束，底座固定在地面上。

2.5　运动学和动力学仿真

2.5.1　运动学仿真

给蜗杆施加一个旋转运动，根据蜗杆的实际运动情况，定义转速为 2 571 deg/s，如图 2-9 与图 2-10 所示。然后进行仿真，比较蜗杆与台面之间的运动关系。图 2-11 为仿真之后蜗轮、蜗杆的角速度和角位移的测量图。

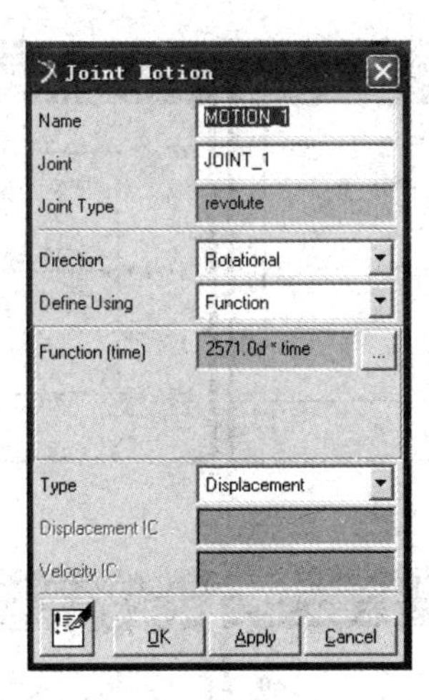

图 2-9　蜗杆运动的定义

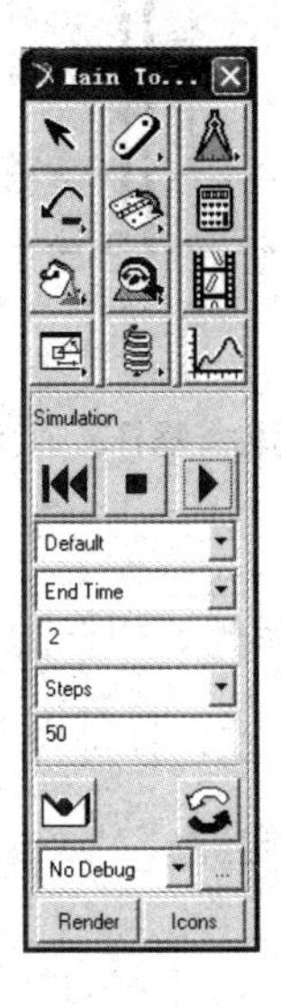

图 2-10　运动仿真

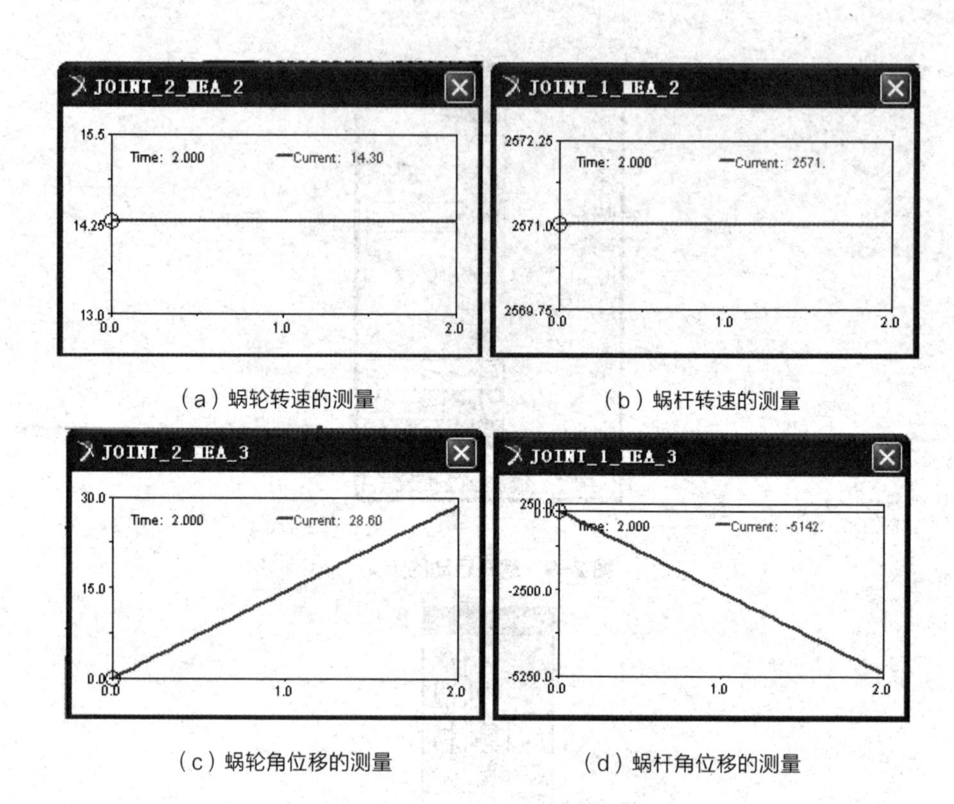

（a）蜗轮转速的测量

（b）蜗杆转速的测量

（c）蜗轮角位移的测量

（d）蜗杆角位移的测量

图 2-11　蜗轮、蜗杆转速及角位移测量

从图 2-11 的仿真结果可知，蜗轮、蜗杆的传动比为 180（2 571/14.28=180），仿真的结果与预想的结果达成了一致，且符合在实际情况下的运动，这就说明设计的结果是可以满足运动要求的。与此同时，建立模型的正确性也得到了检验。

2.5.2　动力学仿真

在进行动力学仿真之前先去掉施加在蜗杆上的运动，改为施加一个大小恒定的扭矩，如图 2-12 所示，并在台面上施加一个切削阻力，如图 2-13 所示。然后进行仿真，并测量结果，如图 2-14 所示。

Modify Torque
Name SFORCE_1
Direction On One Body, Moving with Body
Body PART_3
Define Using Function
Function 331000
Solver ID 1
Torque Display On
OK Apply Cancel

图 2-12　蜗杆上施加的驱动扭矩

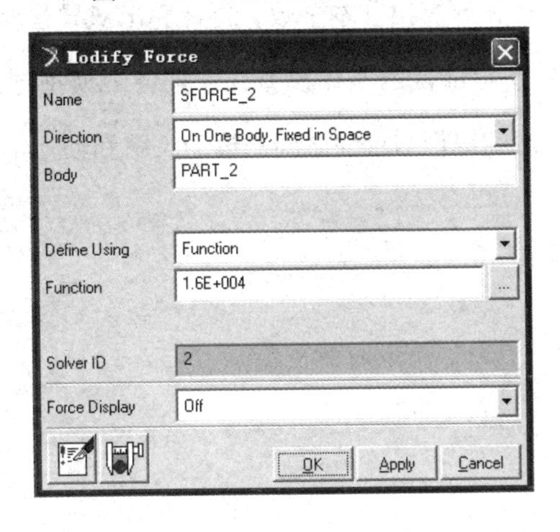

图 2-13　台面上施加的切削阻力

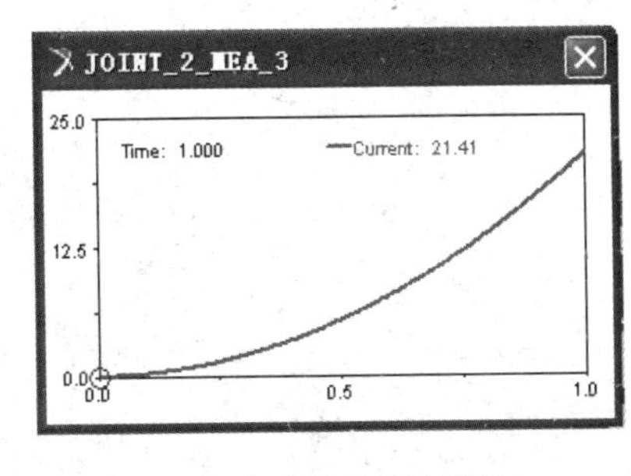

（a）蜗轮的转速测量

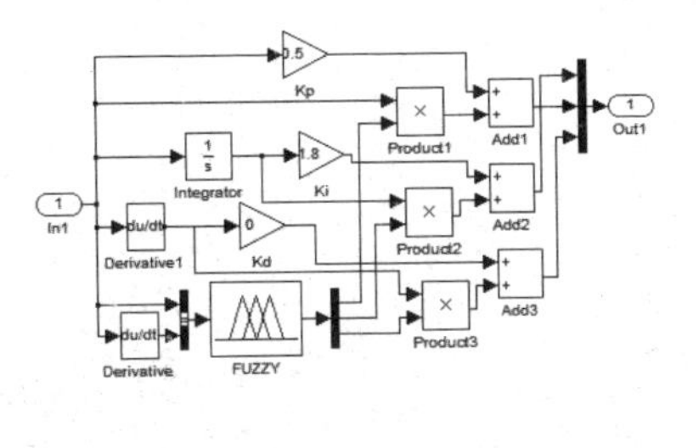

（b）蜗杆的转速测量

图 2-14　蜗轮、蜗杆转速测量

测量结果表明，蜗轮和蜗杆的转速会不断增加，而转台正常工作时应该是恒定的，所以施加的驱动力矩不应该是恒定的，驱动力矩由电机提供，电机会根据转速的要求不断改变驱动力矩的大小。

2.6 本章小结

本章针对数控转台传动链进行设计分析。先根据电机与转台之间的转速关系，查阅文献资料，确定各级传动比。之后，对双导程蜗轮和蜗杆进行设计：①按普通蜗轮和蜗杆进行设计，计算出基本参数，再计算出双导程蜗杆的详细设计参数；②利用 CAXA 建立主要零部件的实体模型，并把各个模型导入 ADAMS 中，对蜗杆施加运动和扭矩，研究蜗杆与台面之间的运动关系和动力学关系。

第 3 章 计算流体力学与静压轴承理论

3.1 计算流体力学概述

计算流体力学（Computational Fluid Dynamics，CFD）是以经典流体力学和数值离散方法为数学基础，借助计算机求解描述流体运动的基本方程，是研究流体运动规律的一门新型独立学科。CFD的基本思想可以归结为，把原来在时间域及空间域上连续的物理量的场，如速度场和压力场等，用一系列有限离散点上的变量值的集合来代替，通过一定的原则和方式建立起关于这些离散点上变量之间关系的代数方程组，然后求解代数方程组获得场变量的近似值。[47]

计算流体力学是近代流体力学、数值计算法和计算机应用技术三者有机结合的产物。计算流体力学方法是通过对流场的控制方程组用数值方法将其离散到一系列网格节点上，并求其离散数值解的一种方法。由控制所有流体流动的基本规律可以分别导出连续性方程、动量方程和能量方程，得到N-S方程组。N-S方程组是流体流动必须遵守的普遍规律。在守恒方程组基础上，加上反映流体流动特殊性质的数学模型（如湍流模型、燃烧模型、多相流模型等）、边界条件和初始条件，构成封闭的方程组来描述特定流场、流体的流动规律，其主要用途是对流体进行数值仿真模拟计算。

流体的运动可以通过一组非线性的偏微分方程组进行描述。这一类问题只有在非常简单的情况下才能够通过解析法得到解决。对于工程实际应用中感兴趣的一些问题，经典流体力学就无能为力了。这种非线性和求解域相当复杂的工程实际问题只能求助于数值法进行求解。CFD的控制方程主要是基于质量守恒、动量守恒和能量守恒三大守恒自然规律。通过控制方程对流体运动的数值模拟，可以得到复杂问题的流场内各个位置上的基本物理量（如速度、压力和温度等）的分布以及这些物理量随时间的变化情况，并确定流场中的速度、压力和涡流等分布。

纵观计算流体力学的发展史，它的发展经历了由线性到非线性，由无黏到有黏，由层流到紊流，由紊流的工程模拟到完全的直接数值模拟紊流。我们可以将计算流体力学的发展大致分为 4 个阶段：线性无黏流阶段、非线性无黏流阶段、雷诺平均 N–S 方程求解阶段以及非定常完全 N–S 方程求解阶段。[48–52]

3.1.1 计算流体力学的特征

计算流体力学的兴起推动了研究工作的发展。自从 1687 年牛顿定律公布以来，直到 20 世纪 50 年代初，研究流体运动规律的主要方法有两种：一种是单纯的实验研究，它以地面实验为研究手段；另一种是单纯的理论分析方法，它利用简单流动模型假设，给出所研究问题的解析解。CFD 方法与传统的理论分析方法和实验研究方法组成了研究流体流动问题的完整体系，图 3–1 是表征三者之间关系的“三维”流体力学示意图。[47]

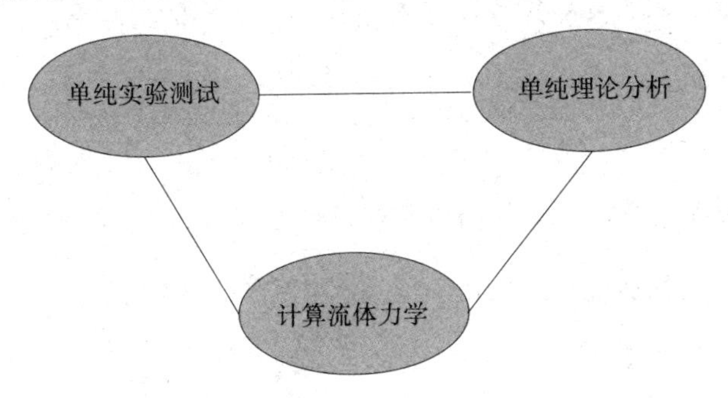

图 3–1 “三维”流体力学示意图

计算流体力学的兴起促进了实验研究和理论分析方法的发展，为简化流动模型的建立提供了许多依据，使很多分析方法得到发展和完善。然而，更重要的是，计算流体力学采用它独有的新的研究方法——数值模拟方法，研究流体运动的基本物理特性。这种方法的特点是工作者在研究流体运动规律的基础上建立了各种类型的主控方程，提出了各种简化流动模型，给出了一系列解析解和计算方法。这些研究成果推动了流体力学的发展，奠定了今天计算流体力学的基础，很多方法仍是目前解决实际问题时常采用的方法。这种方法的特点如下。[53]

（1）给出流体运动区域内的离散解，而不是解析解。这区别于一般的理论分析方法。

（2）它的发展与计算机技术的发展直接相关。这是因为其可能模拟的流体运动的复杂程度、解决问题的广度、所能模拟的物理尺度以及给出解的精度都与计算机速度、内存、运算及输出图形的能力直接相关。

（3）若物理问题的数学提法（包括数学方程及其相应的边界条件）是正确的，则可在较广泛的流动参数（如马赫数、雷诺数、飞行高度、气体性质、模型尺度等）范围内研究流体力学问题，且能给出流场参数的定量结果。

CFD 技术经常被看作虚拟的流体实验室，其实验是在计算机上完成的。相对而言，数值仿真通常比传统的方法有几大优势，包括速度、费用、完整的信息和模拟所有操作条件。仿真的过程明显快于实验，更多的设计可以用更少的时间在计算机上实现测试，从而提高新产品的研发速度；在绝大部分场合，计算机本身和运行的费用大大低于同等条件下的实验设备的费用；CFD 能够提供流场区域每一个点的全部数据，流场中的任何位置和数值都可以在 CFD 计算结果中得到；由于数值仿真模拟没有物理条件的限制，就可以在非正常工作区域内进行求解，能够得到全操作条件的流场数据，这些常常是实验和理论分析难以做到的。

3.1.2　计算流体力学的发展方向

计算流体力学是 20 世纪 60 年代初伴随计算机技术发展起来的学科。计算流体力学的发展与计算机技术的发展直接相关。这是因为采用数值方法可能模拟物理问题的复杂程度，解决问题的广度、深度和所能给出数值解的精度都与计算机的速度、内存和外围设备密切相关。计算流体力学研究主要集中于数学物理模型、计算格式和方法、网格技术等方面的工作。

（1）数学物理模型流体力学中的 N–S 方程在 CFD 研究中基本上分为四个阶段：①求解线性无黏流方程；②求解非线性无黏流方程；③求解黏性、时间平均既雷诺时均 N–S 方程；④求解非定常完全 N–S 方程。[49]

（2）计算方法，为了实现上述模型方程的数值计算，还必须对这些方程进行适当的离散，这就是 CFD 的计算方法。计算技术主要由两部分组成：方程的离散及离散方程的求解。解的精度取决于前者，求解的效率取决于两者。在 CFD 中应用比较成熟和普遍的离散方法包含有限差分法、有限体积法、有限元法。[54]

（3）网格技术，在计算流体力学中，按照一定规律分布于流场中的离散点的集合叫网格，布置这些网格节点的过程叫网格生成。

网格生成对 CFD 至关重要，直接关系到 CFD 计算问题的成败。现在网格生成技术已经发展为 CFD 的一个重要分支，它也是计算流体动力学近 20 年来一个取得较大进展的领域。也正是网格生成技术的迅速发展，才实现了流场解的高质量，使工业界能够将 CFD 的研究成果——求解 Euler 或 N–S 方程方法应用于设计中。[59–60]

当今，网格技术方面重点突出网格与流动特征的相容性、分区网格以及混合网格。总之，计算流体力学主要向两个方向发展：一种发展趋势是研究流动非定常流动的稳定特性、分叉解及湍流流动的机理，为流动控制（如湍流控制）提供理论依据，开展更为复杂的非定常、多尺度的流动特征以及高精度、高分辨率的计算方法和并行算法的研究；另一种发展趋势是将计算流体力学直接用于模拟各种实际流动，解决工业生产中提出的各种问题，这些问题除航空航天领域中的复杂外形绕流或内流以及超声速燃烧的数值模拟外，计算流体力学已经广泛应用于火箭、飞机、船舶、汽车等外部流场的仿真模拟以及化学反应器、发动机、锅炉等内部反应、燃烧、“三传”（传热、传质、动量传递）过程的仿真模拟等各个领域，显示出计算流体力学强有力的生命活力，表明了计算流体力学已逐渐成为推动生产力发展的重要手段之一。[61–62]

3.2 计算流体力学的基本方程

静压推力轴承及静压径向轴承内部流体流动受物理守恒定律的支配，流体动力学三大基本的守恒定律包括质量守恒定律、动量守恒定律、能量守恒定律。如果流动处于紊流状态，系统还要遵守附加的湍流方程。[63] 本书中静压推力轴承和静压径向轴承的油膜流动均为层流流动，具体将在 3.3 节中进行详细说明。

3.2.1 质量守恒方程

对固定在空间流场的微元体，质量守恒定律可表述为，单位时间内微元体中流体质量的增加等于同一时间间隔内流入该微元体的净质量。任何流动问题都必须满足质量守恒定律。按照这一定律，可以得出质量守恒方程，即连续方程：

$$\iint \rho\left(v \cdot n\right) \mathrm{d}A + \frac{\partial}{\partial t}\iiint \rho \mathrm{d}V = 0 \tag{3-1}$$

对于油膜流场微元可得

$$\frac{\partial \rho}{\partial t} + \frac{\partial\left(\rho u\right)}{\partial x} + \frac{\partial\left(\rho v\right)}{\partial y} + \frac{\partial\left(\rho w\right)}{\partial z} = 0 \tag{3-2}$$

引入矢量符号，可以写成：

$$\frac{\partial \rho}{\partial t} + \nabla\left(\rho v\right) = 0 \tag{3-3}$$

式中：ρ ——密度，$\mathrm{kg/m^3}$；

t ——时间，s；

u 、v 、w ——速度矢量 u 在 x、y 和 z 方向的分量。

式（3–1）给出的是瞬态三维可压流体的质量方程。若流动处于稳态且流体为均质不可压缩，密度 ρ 为常数，可以改写为

$$\frac{\partial u}{\partial x} + \frac{\partial v}{\partial y} + \frac{\partial w}{\partial z} = 0 \tag{3-4}$$

3.2.2 动量守恒方程

在动力学方面，流体流动遵循的基本规律是牛顿第二定律，即动量守恒定律。[61] 该定律可以表述为，微元体中流体动量对时间的变化率与外界作用在该微元体上各种力的关系。动量守恒定律是研究流体流动、建立流体运动方程依据的基本理论。

$$\begin{cases} \sum F_x = v_{x2}q_{m2} - v_{x1}q_{m1} + \dfrac{\partial}{\partial t}\iiint v_x \rho \mathrm{d}V \\ \sum F_y = v_{y2}q_{m2} - v_{y1}q_{m1} + \dfrac{\partial}{\partial t}\iiint v_y \rho \mathrm{d}V \\ \sum F_z = v_{z2}q_{m2} - v_{z1}q_{m1} + \dfrac{\partial}{\partial t}\iiint v_z \rho \mathrm{d}V \end{cases} \tag{3-5}$$

式中：F_x，F_y，F_z——力矢量F在x、y、z方向上的分量；

v_{x1}，v_{y1}，v_{z1}——微元体进口截面上流体的平均速度v_1在x、y、z方向上的速度；

v_{x2}，v_{y2}，v_{z2}——微元体进口截面上流体的平均速度v_2在x，y，z方向上的速度；

q_{m1}，q_{m2}——进出口截面的质量流量。

则油膜微元体的动量方程为

$$\frac{\partial(\rho u)}{\partial t} + \frac{\partial(\rho uu)}{\partial x} + \frac{\partial(\rho vu)}{\partial y} + \frac{\partial(\rho wu)}{\partial z} = \rho f_x - \frac{\partial \rho}{\partial x} + \frac{\partial}{\partial x}\left[2\mu\frac{\partial \mu}{\partial x} + \lambda\left(\frac{\partial u}{\partial x} + \frac{\partial v}{\partial y} + \frac{\partial w}{\partial z}\right)\right] + \frac{\partial}{\partial y}\left[\mu\left(\frac{\partial v}{\partial x} + \frac{\partial u}{\partial y}\right)\right] + \frac{\partial}{\partial z}\left[\mu\left(\frac{\partial w}{\partial x} + \frac{\partial u}{\partial z}\right)\right] \tag{3-6}$$

$$\frac{\partial(\rho v)}{\partial t} + \frac{\partial(\rho uv)}{\partial x} + \frac{\partial(\rho vv)}{\partial y} + \frac{\partial(\rho wv)}{\partial z} = \rho f_y - \frac{\partial \rho}{\partial y} + \frac{\partial}{\partial y}\left[2\mu\frac{\partial \mu}{\partial y} + \lambda\left(\frac{\partial u}{\partial x} + \frac{\partial v}{\partial y} + \frac{\partial w}{\partial z}\right)\right] + \frac{\partial}{\partial z}\left[\mu\left(\frac{\partial v}{\partial z} + \frac{\partial w}{\partial y}\right)\right] + \frac{\partial}{\partial x}\left[\mu\left(\frac{\partial u}{\partial y} + \frac{\partial v}{\partial x}\right)\right] \tag{3-7}$$

$$\frac{\partial(\rho w)}{\partial t} + \frac{\partial(\rho uw)}{\partial x} + \frac{\partial(\rho vw)}{\partial y} + \frac{\partial(\rho ww)}{\partial z} = \rho f_z - \frac{\partial \rho}{\partial z} + \frac{\partial}{\partial z}\left[2\mu\frac{\partial w}{\partial z} + \lambda\left(\frac{\partial u}{\partial x} + \frac{\partial v}{\partial y} + \frac{\partial w}{\partial z}\right)\right] + \frac{\partial}{\partial x}\left[\mu\left(\frac{\partial w}{\partial x} + \frac{\partial u}{\partial z}\right)\right] + \frac{\partial}{\partial y}\left[\mu\left(\frac{\partial v}{\partial z} + \frac{\partial w}{\partial y}\right)\right] \tag{3-8}$$

当黏性系数为常数，不随坐标位置而变化条件下的矢量形式：

$$\frac{\partial(\rho u)}{\partial x}=\rho F+\nabla p+\frac{\mu}{3}\nabla(\nabla\cdot u)+\mu\nabla^2 u \tag{3-9}$$

流动处于不可压缩，流体的密度和黏性系数为常数的条件下，方程可以写成：

$$\frac{\partial(\rho u)}{\partial t}+\frac{\partial(\rho uu)}{\partial x}+\frac{\partial(\rho vu)}{\partial y}+\frac{\partial(\rho wu)}{\partial z}=\frac{\partial}{\partial x}\left(\mu\frac{\partial u}{\partial x}\right)+\frac{\partial}{\partial y}\left(\mu\frac{\partial u}{\partial y}\right)+\frac{\partial}{\partial z}\left(\mu\frac{\partial u}{\partial y}\right)-\frac{\partial p}{\partial x} \tag{3-10}$$

$$\frac{\partial(\rho v)}{\partial t}+\frac{\partial(\rho uv)}{\partial x}+\frac{\partial(\rho vv)}{\partial y}+\frac{\partial(\rho wv)}{\partial z}=\frac{\partial}{\partial x}\left(\mu\frac{\partial v}{\partial x}\right)+\frac{\partial}{\partial y}\left(\mu\frac{\partial v}{\partial y}\right)+\frac{\partial}{\partial z}\left(\mu\frac{\partial v}{\partial y}\right)-\frac{\partial p}{\partial y} \tag{3-11}$$

$$\frac{\partial(\rho w)}{\partial t}+\frac{\partial(\rho uw)}{\partial x}+\frac{\partial(\rho vw)}{\partial y}+\frac{\partial(\rho ww)}{\partial z}=\frac{\partial}{\partial x}\left(\mu\frac{\partial w}{\partial x}\right)+\frac{\partial}{\partial y}\left(\mu\frac{\partial w}{\partial y}\right)+\frac{\partial}{\partial z}\left(\mu\frac{\partial w}{\partial y}\right)-\frac{\partial p}{\partial z} \tag{3-12}$$

式中：F——质量力，N；

p——压力，Pa；

μ——黏性系数；

λ——第二分子黏度，对于液体 $\lambda=-2/3$ 。

动量守恒方程也称为N–S方程。黏性流体的运动方程首先由Navier在1927年提出，只考虑了不可压缩流体的流动。Poisson在1831年提出可压缩流体的运动方程。Saint–Venant在1843年、Stokes在1845年独立地提出黏性系数为一常数的形式，现在都称为Navier–Stokes方程，简称N–S方程。N–S方程比较准确地描述了流体的实际流动情况，黏性流体的流动分析均可归为对此方程的研究。由于其形式甚为复杂，实际上只有极少量的情况可以求出精确解，故产生了通过数值求解的研究，这也是计算流体力学的最基本方程。[64]

3.2.3 能量守恒方程

分析流体流动系统的能力转换依据的是热力学第一定律，即能量守恒定律。该定律可以表述为，微元体中能量的增加率等于进入微元体的净热流量加上体力与面力对微元体所做的功。能量守恒定律是包含有热交换的流动系统必须满足的基本定律。如下：

$$\frac{\partial(\rho T)}{\partial t}+\frac{\partial(\rho uT)}{\partial x}+\frac{\partial(\rho vT)}{\partial y}+\frac{\partial(\rho wT)}{\partial z}=\frac{\partial}{\partial x}\left(\frac{k}{C_p}\frac{\partial T}{\partial x}\right)+\frac{\partial}{\partial y}\left(\frac{k}{C_p}\frac{\partial T}{\partial y}\right)+\frac{\partial}{\partial z}\left(\frac{k}{C_p}\frac{\partial T}{\partial z}\right)+S_T \tag{3-13}$$

式中：C_p——比热容，J/(kg·°C)；

T——温度，℃；

k——流体传热系数；

S_T——流体的内热源及由黏性作用流体机械能转换为热能的部分。

3.3 液体静压轴承工作原理

静压轴承是靠外部的流体压力源向摩擦表面之间供给一定压力的流体，借助流体静压力来承载，又称为外部供压式滑动轴承。静压轴承的特点是，液体润滑状态的建立与其相对速度无关。所以，静压轴承可在很宽的速度范围内（包括静止）和载荷范围内无磨损地工作。按照流体的形式可以分为液体静压轴承和气体静压轴承两种。

液体静压轴承按照液压系统供油形式不同又可分为定压供油式静压轴承和定量供油式静压轴承。下面简单介绍液体静压轴承的工作原理。

3.3.1 定压供油式静压轴承

定压供油式静压轴承的结构简化形式如图 3-2 所示。

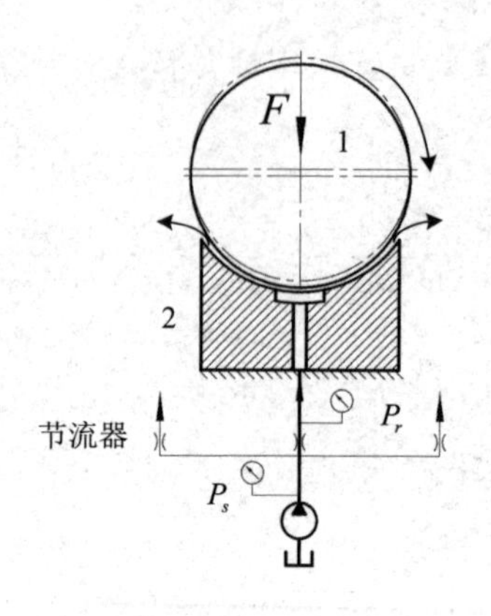

1—轴径；2—轴瓦

图 3-2　定压供油式静压轴承工作原理图

一个单油腔静压轴承由油腔、进油孔及四周封闭的封油面组成，用一个公共油泵供油，其供油压力为 P_s，在通往油腔的油路上设置节流器。由于节流器的调压作用，油腔压力 P_r 能够随外载荷的变化而自动调节，从而保持油腔压力与外载荷平衡。

通过分析定压式液体静压轴承的油液循环系统可知，对于单油腔静压轴承而言，静压油腔压力 P_r 在循环过程中受到两个非常重要的液阻：一个是轴承油腔前的节流器所形成的液阻，称为节流液阻 R_c；另一个是轴径与轴瓦的间隙所形成的液阻，称为出油液阻 R_h。油腔压力 P_r 计算可以按照串联电路中的欧姆定律得到[70]：

$$P_r = P_s \frac{R_h}{R_h + R_c} \tag{3-14}$$

式中：P_r——静压油腔压力，MPa；

P_s——油泵供油压力，MPa；

R_c——节流器进油液阻，$\mathrm{kg \cdot s / m^5}$；

R_h——出油液阻，$\mathrm{kg \cdot s / m^5}$。

在液压油泵未工作时，由于轴径的自重和外载荷作用，轴径与轴瓦相互接触。

液压油泵开启后，从油泵输出恒定压力的液压油通过节流器后进入对应的静压油腔内。如果油腔布置是开式的，则轴径会被均匀浮起，此时轴径与轴瓦之间的间隙等于理论设计油膜厚度 h。轴径与轴瓦的原接触表面被液压油完全隔离开，静压推力轴承处于全液体摩擦状态。

当外载荷 F 变化，如增大至 $F+\Delta F$，则原始的平衡状态就被打破，轴径有下沉的趋势，油膜厚度 h 减小，液压系统的出油液阻 R_h 增大。由方程式（3–14）可知，静压油腔的压力 P_r 将增大，直到与外载荷增加量 ΔF 相平衡。同理，外载荷减小时的情况与外载荷增大时相反，静压油腔压力 P_r 将减小，直至与外载荷减小量 ΔF 相平衡。

3.3.2 定量供油式静压轴承

定量供油式静压轴承的结构简化形式如图 3–3 所示。

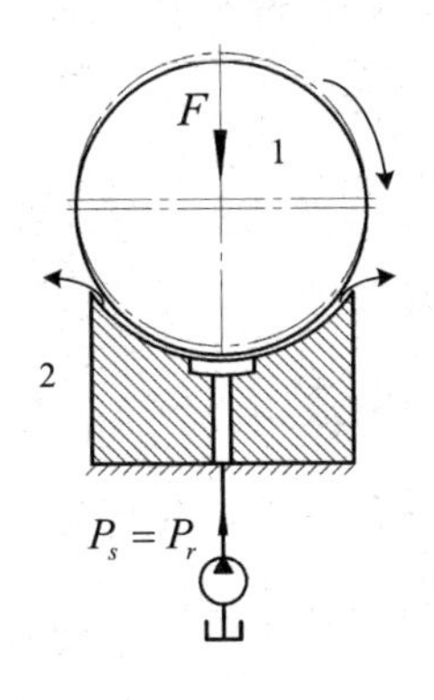

1—轴径；2—轴瓦

图 3–3 定量供油式静压轴承工作原理图

定量供油式静压轴承供油系统由于以恒定的流量供油给油腔，油腔压力 P_r 取决于供给的流量 Q_c 和出油液阻 R_h。同理，赵妍指出，定量供油式静压轴承供油系统也可以等效电路欧姆定律来模拟[70]。

$$P_r = Q_c R_h \tag{3–15}$$

式中：P_r——静压油腔压力，MPa；

P_s——油泵供油压力，MPa；

Q_c——油泵供给流量，L/min；

R_h——出油液阻，$\mathrm{kg \cdot s / m^5}$。

定量供油式静压轴承的油腔前没有固定节流器，由恒流量油源供油直接流入油腔，然后经过轴径与轴瓦的缝隙 h 流入大气。由于缝隙的节流作用，在轴承的轴径与轴瓦之间形成压力场，产生的支承力 W 与外载荷 F 相平衡。当静压轴承外载荷 F 增大，如增大载荷变成 $F+\Delta F$，则原有的平衡被打破，静压轴承间隙 h 减小，其出油液阻 R_h 增大，在流量 Q_c 恒定的条件下，油腔压力 P_r 会迅速升高以平衡外载荷的变化。

从本质上讲，定量供油式静压轴承与固定节流静压轴承的承载原理相同，都是依靠改变出油液阻 R_h 使油腔压力 P_r 能够随外载荷的变化而变化。

实现定量供油有下述两种方法[7]：

（1）定量泵式，油泵以恒定的流量直接供油给油腔，故油腔压力始终等于油泵压力。

（2）定量节流阀式，用定量节流阀代替节流器，使进入静压油腔的流量恒定。

在定压供油方式下，多油腔静压径向轴承工作原理与单油腔静压轴承工作原理不一样，多油腔静压轴承需要在每个油腔内的进油管路上设置节流器，即节流器的个数等于油腔数，这样各个油腔的压力就可以不同，利用油腔之间的压力差来平衡外载荷。若多个油腔合用一个泵，其油腔压力相等，但压力大小由承载较小的油腔决定。[61]

在定量供油方式下，多油腔静压支承径向轴承的每个油腔各用一个定量泵，轴承的每个油腔压力是随外载荷变化而单独变化的。

定量供油具有功率损失小、温升低等特点，基本消除了节流间隙的堵塞现象。这种供油方式的静压轴承不需要节流器，但轴承的每一个油腔需要有一个流量相同的油泵。最早的静压轴承就是采用这样的供油方式，因结构复杂没有推广应用。[62] 定量泵的制造烦琐，油路较长，润滑油的压缩性和惯性对供油性能影响就较大，自身对突变载荷及交变载荷调整能力差，且费用较高，所以目前主要应用于超大型或超重型机床的静压轴承。[63] 本课题中液体静压推力轴承对工件主要起到轴向支承的作用，定压供油式的静压推力轴承可以满足实际需求。然而，本课题中的液体静压径向轴承主要用于克服较大的径向载荷与力偶矩，需要采用定量供油方式。

3.4 大重型数控转台的定压供油式静压推力轴承

3.4.1 静压推力轴承油腔模型及主要参数

在大重型数控装备上，平面圆环形单油腔推力轴承（图 3–4）具有加工便利、易产业化等特点。然而，单独的单油腔静压推力轴承却无法承受偏心载荷。为了解决这一问题，在大重型数控转台上同时设置静压径向轴承系统。

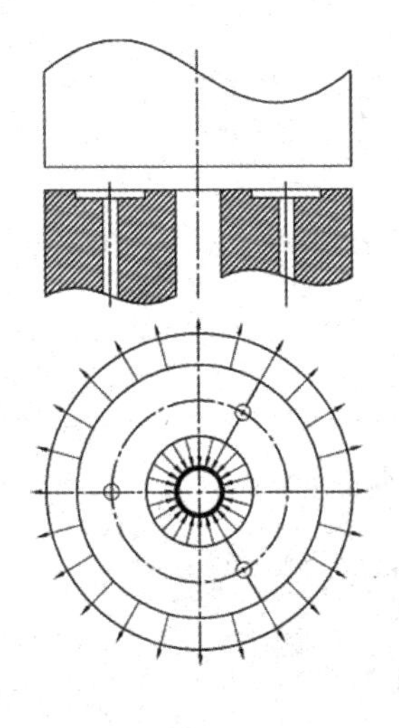

图 3–4 平面圆环形油腔计算简图

陈燕生在其著作中已经给出了毛细管节流圆环形油腔推力轴承的主要参数[7]，现引用如下。

1. 油膜厚度

封油边处的油膜厚度方程为

$$h = h_0 - e = h_0\left(1 - \frac{e}{h_0}\right) = h_0(1-\varepsilon) \tag{3-16}$$

油腔区的油膜厚度方程为

$$h = h_0 - e + h_z \tag{3-17}$$

式中：h_0——设计油膜厚度；

e——在轴向载荷的作用下工作台平移的距离；

h_z——油腔深度；

ε——位移率（或称偏心率）。

2. 流量计算

依据流体力学和润滑理论推导其流量方程：

$$Q = \frac{\Delta p}{R_h} = \frac{\pi h_0^3 \Delta p}{6\mu \ln\left(\frac{r_2}{r_1}\right)} + \frac{\pi h_0^3 \Delta p}{6\mu \ln\left(\frac{r_4}{r_3}\right)} = \frac{\Delta p \pi h_0^3 \ln\left(\frac{r_4}{r_3}\frac{r_2}{r_1}\right)}{6\mu \ln\left(\frac{r_4}{r_3}\right)\ln\left(\frac{r_2}{r_1}\right)} \tag{3-18}$$

式中：μ——黏度系数；

h_0——设计油膜厚度；

R_h——油腔液阻（出油液阻）；

r_1，r_4——环形油膜内、外侧半径；

r_2，r_3——环形油腔内、外侧半径；

Δp——压差。

3. 液阻比

油垫在初始状态下的节流液阻（进油液阻）与支承间隙的液阻（出油液阻）之比称为设计状态下的液阻比，简称为液阻比。本大重型数控转台的静压推力轴承采用的是定压供油式，即节流器的进油压力是恒定的。

毛细管节流流量：

$$Q = \frac{\pi d^4 \Delta P}{128 \mu L} \tag{3-19}$$

由此可知，毛细管节流器的液阻为

$$R_c = \frac{128 \mu L}{\pi d^4} \tag{3-20}$$

理论液阻比：

$$\lambda_0 = \frac{R_c}{R_h} = \frac{64 L h_0^3 \ln\left(\frac{r_4}{r_3}\frac{r_2}{r_1}\right)}{3 d^4 \ln\left(\frac{r_4}{r_3}\right) \ln\left(\frac{r_2}{r_1}\right)} = C h_0^3 \tag{3-21}$$

由液阻比方程可知：液阻比取决于油垫的形状和尺寸、圆管的尺寸以及油膜的原始设计间隙，而与液压油的黏度、密度等无关。这是毛细管节流式油垫的一个最大特点。

3.4.2 静压推力轴承承载力方程

承载能力是指在一定油膜厚度下，油膜压力作用于轴表面所能负担的外载荷，油膜厚度须使油垫和被支承件的表面互不接触。

环形油腔等效承载面积方程[7]：

$$A_e = \pi r_4^2 \frac{1 - \left(\frac{r_3}{r_4}\right)^2}{2 \ln \frac{r_4}{r_3}} - \pi r_2^2 \frac{1 - \left(\frac{r_1}{r_2}\right)^2}{2 \ln \frac{r_2}{r_1}} \tag{3-22}$$

静压推力轴承承载能力方程[7]：

$$W = \frac{p_s A_e}{1 + \lambda_0 \left(1 - \frac{e}{h_0}\right)^3} = \frac{p_s A_e}{1 + \lambda_0 (1 - \varepsilon)^3} = \frac{p_s A_e}{1 + C h^3} \tag{3-23}$$

式中：p_s——进油压力；

λ_0——设计状态下的液阻比；

C——结构参数；

e——油膜的减薄量；

ε——位移率（或称偏心率）；

h——任意载荷下的油膜厚度。

3.4.3 静压推力轴承承载刚度方程

油膜刚度是指油膜抵抗载荷变动的能力（并不是它承担载荷的能力），也就是产生单位油膜厚度变化所需的载荷变动量。当载荷有增减时，若油膜厚度变化很小，油膜刚度就大。一般所说的刚度是指在一定的设计载荷和初始间隙下的油膜刚度值 S，也就是在设计状态下油膜对载荷变动所具有的抵抗能力。

任意油膜厚度下的刚度方程由式（3–23）可推导如下：

$$S=-\frac{\partial W}{\partial h}=-\frac{\partial W}{\partial \lambda}\cdot\frac{\mathrm{d}\lambda}{\mathrm{d}h}=\frac{3p_sA_e\lambda_0(1-\varepsilon)^2}{h_0\left(1+\lambda_0(1-\varepsilon)^3\right)^2}=\frac{3p_sA_eCh^2}{\left(1+Ch^3\right)^2}=\frac{3p_sA_e\lambda}{h(1+\lambda)^2} \tag{3-24}$$

式中：λ——任意载荷下的液阻比；

h——任意载荷下的油膜厚度。

根据承载能力及承载刚度理论表达式，采用毛细管节流静压推力轴承供油压力为 0.4 MPa 的节流模型进行计算，得到不同偏心率下毛细管节流静压推力轴承的承载能力和静态刚度变化曲线，如图 3–5 所示。

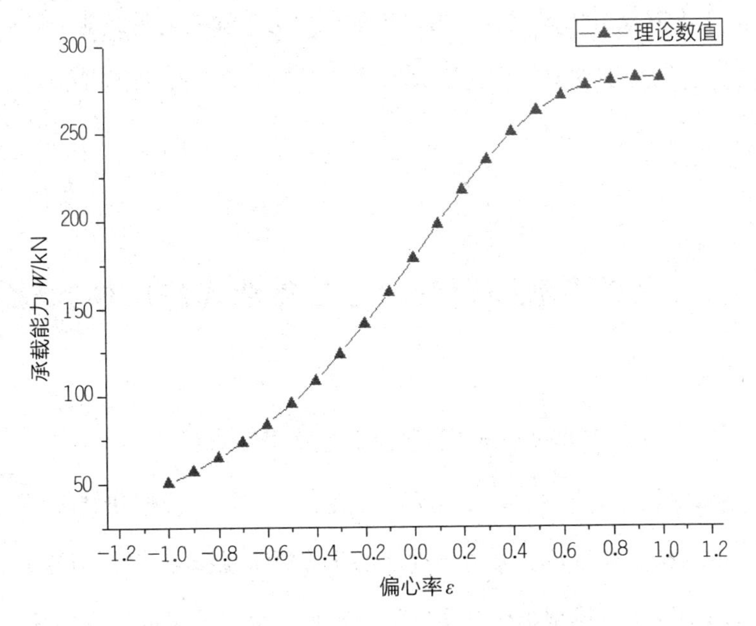

（a）承载能力随偏心率变化曲线

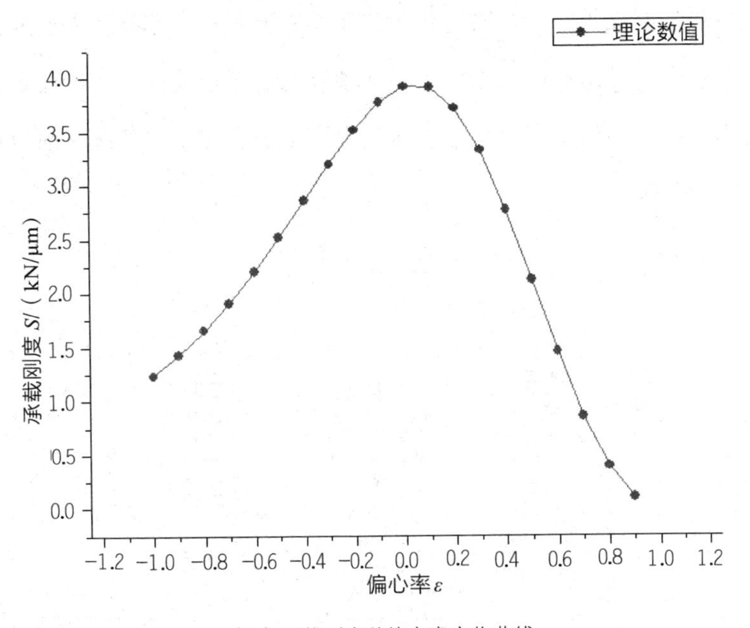

（b）承载刚度随偏心率变化曲线

图 3-5　承载能力和刚度随偏心率变化理论曲线

由图 3–5 曲线可以看出，在恒定供油压力下，轴承的承载能力随着偏心率的增大而增大；刚度随着偏心率先增大后减小，在 $\varepsilon=0$ 时，即理论设计油膜厚度下刚度最大。

3.5 大重型数控转台的定量供油式静压径向轴承

3.5.1 静压径向轴承油腔简化模型及主要参数

以往静压径向轴承的油腔结构多为三角形、矩形、圆形和椭圆形。而关于回形槽式油腔结构径向轴承静态力学性能的研究还未见报道。本书依据计算流体力学、润滑理论以及该模型结构的实际流动特点，提出了将静压径向轴承模型简化为斜对置多垫平面支承，其结构简化图如图 3–6 所示；考虑到压差流和油流质量惯性力的影响，推导出该假设条件下径向轴承的静态性能公式。经验证，推导出的下列方程更符合多油垫定量供油静压径向轴承的实际工作情况，所以该模型提出的假设比较合理。

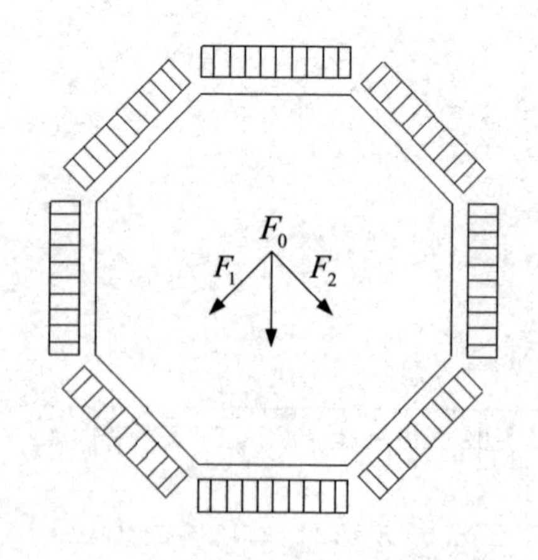

图 3–6 静压径向轴承简化图

1. 油膜厚度

圆柱面回形槽式油垫中各处间隙和位移之间的关系如图 3-7 所示。

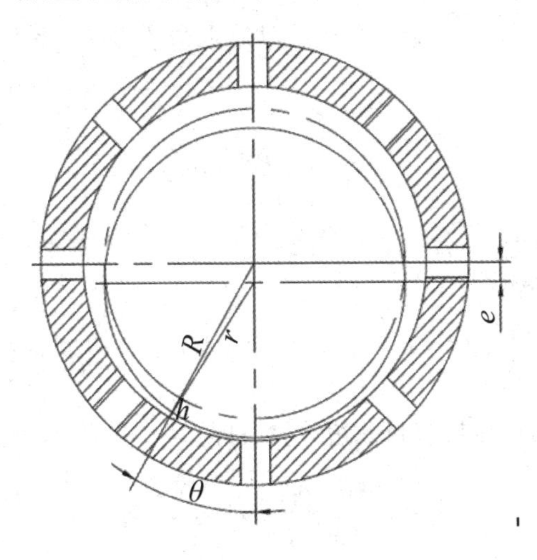

图 3-7　间隙与偏心率的关系

据三角形关系可得

$$\left(r+h\right)^{2}=R^{2}+e^{2}-2R\cdot e\cos^{2}\theta=\left(R-e\cos\theta\right)^{2}+e^{2}\sin^{2}\theta$$

近似地取等号右边第一项（略去高次项）并整理得

$$r+h\approx R-e\cos\theta$$

封油边处油膜厚度方程为

$$h\approx R-r-e\cos\theta=h_{0}-e\cos\theta=h_{0}\left(1-\frac{e}{h_{0}}\cos\theta\right)=h_{0}\left(1-\varepsilon\cos\theta\right) \tag{3-25}$$

式中：h_0 ——设计油膜厚度；

e ——在径向载荷作用下工作台偏移的距离；

ε ——位移率（或称偏心率）。

2. 流量计算

对置圆柱面回形槽式油腔如图 3-8 所示。考虑到其结构的对称性，现以下方油腔为研究对象，假设在载荷 W 作用下，被支承件偏心量为 e，下油腔中压力为 p_1，上油腔中压力为 p_2，其中 P 为上下油腔的设计压力，如果不考虑曲率对流量的影响而采用两平面板间的流量公式，则微弧 $Rd\phi$ 通过的轴向（纵向）封油边的回油量为

$$dQ_1 = 2\cdot\frac{p_1 h^3}{12\mu b_1}Rd\phi$$

$$\begin{aligned} Q_1 &= \frac{p_1 D h_0^3}{6\mu b_1}\int_{-\theta_e}^{\theta_e}\left(1-\varepsilon\cos\phi\right)^3 d\varphi \\ &= \frac{p_1 D h_0^3}{6\mu b_1}\left[2\theta_e - 6\varepsilon\sin\theta_e + 3\varepsilon^2\left(\theta_e + \frac{1}{2}\sin 2\theta_e\right) - \frac{2}{3}\varepsilon^3\sin\theta_e\left(2+\cos^2\theta_e\right)\right] \end{aligned}$$

圆周方向的流量可以按照封油边计算，即

$$Q_2 = \frac{p_1\left(B-b_1\right)h_0^3}{6\mu R\theta_1}\left(1-\varepsilon\cos\theta_e\right)^3$$

由此可得下方油垫总回油量为

$$Q_下 = Q_1 + Q_2$$

$$\begin{aligned} Q_下 &= \frac{p_1 R h_0^3}{6\mu b_1}\left[2\theta_e - 6\varepsilon\sin\theta_e + 3\varepsilon^2\left(\theta_e + \frac{1}{2}\sin 2\theta_e\right) - \frac{2}{3}\varepsilon^3\sin\theta_e\left(2+\cos^2\theta_e\right)\right] + \\ &\quad \frac{p_1\left(B-b_1\right)h_0^3}{6\mu R\theta_1}\left(1-\varepsilon\cos\theta_e\right)^3 \\ &= \frac{p_1 h_0^3}{6\mu}\left[K_A - 3\varepsilon K_B + 3\varepsilon^2 K_C - \varepsilon^3 K_D\right] \end{aligned} \tag{3-26}$$

同理可得上方油腔的总回油量为

$$Q_上 = \frac{p_2 h_0^3}{6\mu}\left[K_A + 3\varepsilon K_B + 3\varepsilon^2 K_C + \varepsilon^3 K_D\right] \tag{3-27}$$

此处结构参数：

$$K_A = \frac{2R\theta_e}{b_1} + \frac{\left(B-b_1\right)}{R\theta_1}$$

$$K_B = \frac{2R\sin\theta_e}{b_1} + \frac{\left(B-b_1\right)}{R\theta_1}\cos\theta_e$$

$$K_C = \frac{\theta_e R + \frac{1}{2}R\sin 2\theta_e}{b_1} + \frac{\left(B-b_1\right)}{R\theta_1}\cos^2\theta_e$$

$$K_{\mathrm{D}}=\frac{2R\sin\theta_e\left(2+\cos^2\theta_e\right)}{3b_1}+\frac{\left(B-b_1\right)}{R\theta_1}\cos^3\theta_e$$

由方程式（3–26）与（3–27）可知：当对置油腔采用定量供油，即$Q=Q_{上}=Q_{下}$，并有径向外载荷 W 作用于静压轴承上时，偏心率 ε 增大，轴与下轴瓦节流间隙减小，油腔压力 p_1 升高；轴与上轴瓦节流间隙增大，油腔压力 p_2 降低。

同时，当偏心率 ε =0 时，圆柱面回形槽式油腔与平面矩形油腔流量计算方程相等。这说明将静压径向轴承模型简化为斜对置多垫平面支承是合理的。

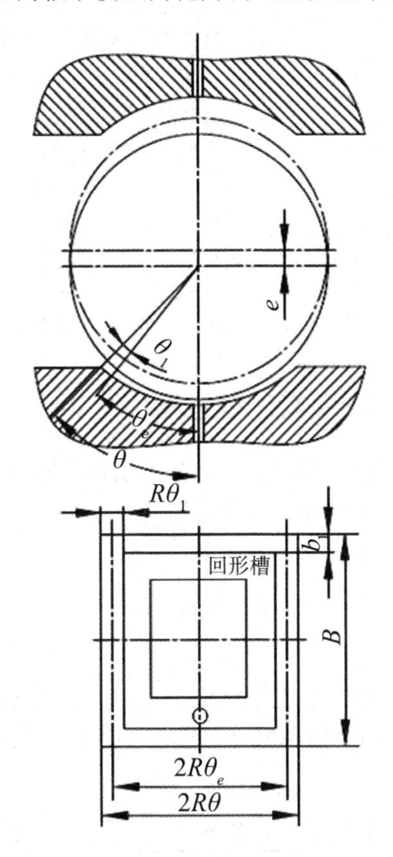

图 3–8 圆柱面回形槽式油垫

3. 等效承载面积

由方程式（3–27）可知：由于当偏心率 ε =0 时，圆柱面回形槽式油腔与平面矩形油腔流量计算方程相等。因此，回形槽式油腔等效承载面积方程可以表示为

$$A_e = 2R\theta_e(B - b_1) \tag{3-28}$$

3.5.2 静压径向轴承承载力方程

当外载荷 W 作用在静压芯轴的轴颈上时，其在垂直载荷的作用下产生位移 e 而达到静态平衡。按平衡条件可得下列关系：

$$W = F_0 + F_1\cos\phi_1 + F_2\cos\phi_2 \tag{3-29}$$

$$F_0 = A_e(p_1 - p_2) = 6\mu Q A_e\left[\frac{6eh_0^2K_B + 2e^3K_D}{\left(K_A h_0^3 + 3e^2h_0K_C\right)^2 - \left(3eh_0^2K_B + e^3K_D\right)^2}\right]$$

$$F_1 = 6\mu Q A_e\left[\frac{6e_1h_0^2K_B + 2e_1^3K_D}{\left(K_A h_0^3 + 3e_1^2h_0K_C\right)^2 - \left(3e_1h_0^2K_B + e_1^3K_D\right)^2}\right]$$

$$F_2 = 6\mu Q A_e\left[\frac{6e_2h_0^2K_B + 2e_2^3K_D}{\left(K_A h_0^3 + 3e_2^2h_0K_C\right)^2 - \left(3e_2h_0^2K_B + e_2^3K_D\right)^2}\right]$$

由于 $F_1\sin\phi_1 - F_2\sin\phi_2 = 0$， $e_1 \approx e\cos\phi_1$， $e_2 \approx e\cos\phi_2$，其中 $\phi_1 = \phi_2$。

3.5.3 静压径向轴承承载刚度方程

将式（3–29）对油膜偏移量进行微分推导出油膜刚度方程：

$$\mathrm{S} = \frac{\partial W}{\partial e} = \frac{\partial F_0}{\partial e} + \frac{\partial F_1}{\partial e_1}\cdot\frac{\mathrm{d}e_1}{\mathrm{d}e}\cos\phi_1 + \frac{\partial F_2}{\partial e_2}\cdot\frac{\mathrm{d}e_2}{\mathrm{d}e}\cos\phi_2$$

$$= S_0 + S_1\cos^2\phi_1 + S_2\cos^2\phi_2 \tag{3-30}$$

$$S_0 = 18\mu Q A_e\left[\frac{h_0^2K_B - 2eh_0K_C + e^2K_D}{\left(K_A h_0^3 - 3eh_0^2K_B + 3e^2h_0K_C - e^3K_D\right)^2} + \frac{h_0^2K_B + 2eh_0K_C + e^2K_D}{\left(K_A h_0^3 + 3eh_0^2K_B + 3e^2h_0K_C + e^3K_D\right)^2}\right]$$

$$S_1 = 18\mu Q A_e\left[\frac{h_0^2K_B - 2e_1h_0K_C + e_1^2K_D}{\left(K_A h_0^3 - 3e_1h_0^2K_B + 3e_1^2h_0K_C - e_1^3K_D\right)^2} + \frac{h_0^2K_B + 2e_1h_0K_C + e_1^2K_D}{\left(K_A h_0^3 + 3e_1h_0^2K_B + 3e_1^2h_0K_C + e_1^3K_D\right)^2}\right]$$

$$S_2 = 18\mu Q A_e\left[\frac{h_0^2K_B - 2e_2h_0K_C + e_2^2K_D}{\left(K_A h_0^3 - 3e_2h_0^2K_B + 3e_2^2h_0K_C - e_2^3K_D\right)^2} + \frac{h_0^2K_B + 2e_2h_0K_C + e_2^2K_D}{\left(K_A h_0^3 + 3e_2h_0^2K_B + 3e_2^2h_0K_C + e_2^3K_D\right)^2}\right]$$

根据承载能力及刚度理论表达式可知，当外载荷和油膜厚度一定时，定量供油静压径向轴承的油膜承载力及刚度是恒定的。本定量静压径向轴承在恒定总流量为 6.1 L / min 和油膜厚度为 0.05 mm 的条件下进行计算，得到不同偏心率下定量静压径向轴承的承载能力和静态刚度变化曲线，如图 3-9 所示。

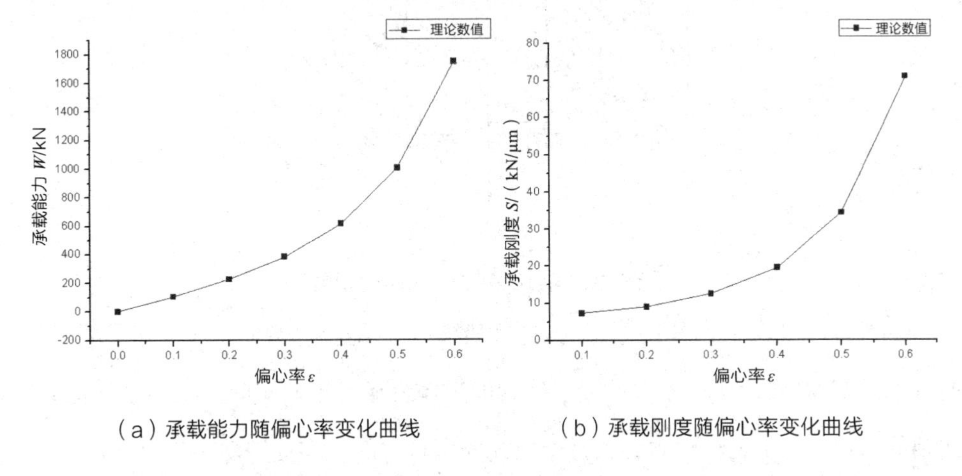

（a）承载能力随偏心率变化曲线　　（b）承载刚度随偏心率变化曲线

图 3-9　承载能力和刚度随偏心率变化理论曲线

由曲线可以看出，对于同一供油压力，轴承的承载能力随着供油压力的增大而增大，静态刚度也随着偏心率的增大而增大。在 $\varepsilon = 0$ 时，即没有偏心时，承载力与刚度最小；在 $\varepsilon = 1$ 时，即完全偏心时，承载力与刚度趋于无穷大。

在实际工况中，本课题中液体静压径向轴承的承载力和承载刚度并不能无限增大。这主要是因为静压油腔压力必须始终小于定量泵体内的供油压力。否则，定量泵体内的单向阀就会起作用，使其停止工作。

3.5.4　静压径向轴承倾覆刚度方程

有时由于载荷分布不均（如工件形状、工件位置和切削力等原因）而需要大重型数控转台承受偏心载荷（图 3-10）。根据力的平移原理，偏心载荷 W 可以被分解为一个轴向力 F 和一个倾覆力矩 $M_e = FL_e$。轴向力 F 可以由圆环形单油腔推力轴承来承担，倾覆力矩 M_e 则由静压径向轴承来克服。

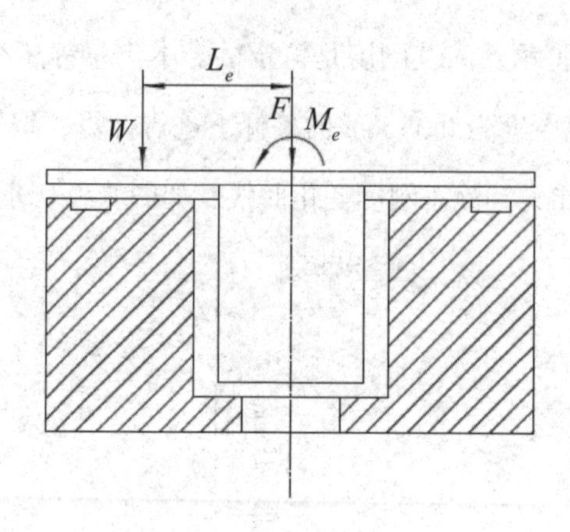

图 3-10　偏心载荷作用下的数控转台

如果仅在轴向力 F 作用下，则大重型数控转台的工作台向基座平移了距离 e；而在力偶矩 M_e 作用下，不仅改变了转台的工作台相对于基座的位置，也改变了径向轴承的轴径与轴瓦的位置，大重型数控静压转台的工作台转动倾角为 ϕ 。

由此，大重型数控静压径向轴承的倾覆刚度可以表示为[7]

$$J_M = \frac{M_e}{\phi} \tag{3-31}$$

从大重型数控静压转台中静压径向轴承与静压推力轴承的关系可知：静压径向轴承油腔压力越大，其承受倾覆力矩能力也就越大，同时，静压推力轴承的浮起量也越均匀。

3.6　本章小结

本章基于计算流体力学的三大守恒方程（质量守恒方程、动量守恒方程与能量守恒方程），提出适应于大重型数控转台静压轴承的油腔计算模型以及各自的承载能力及刚度计算公式，并进行了求解计算。

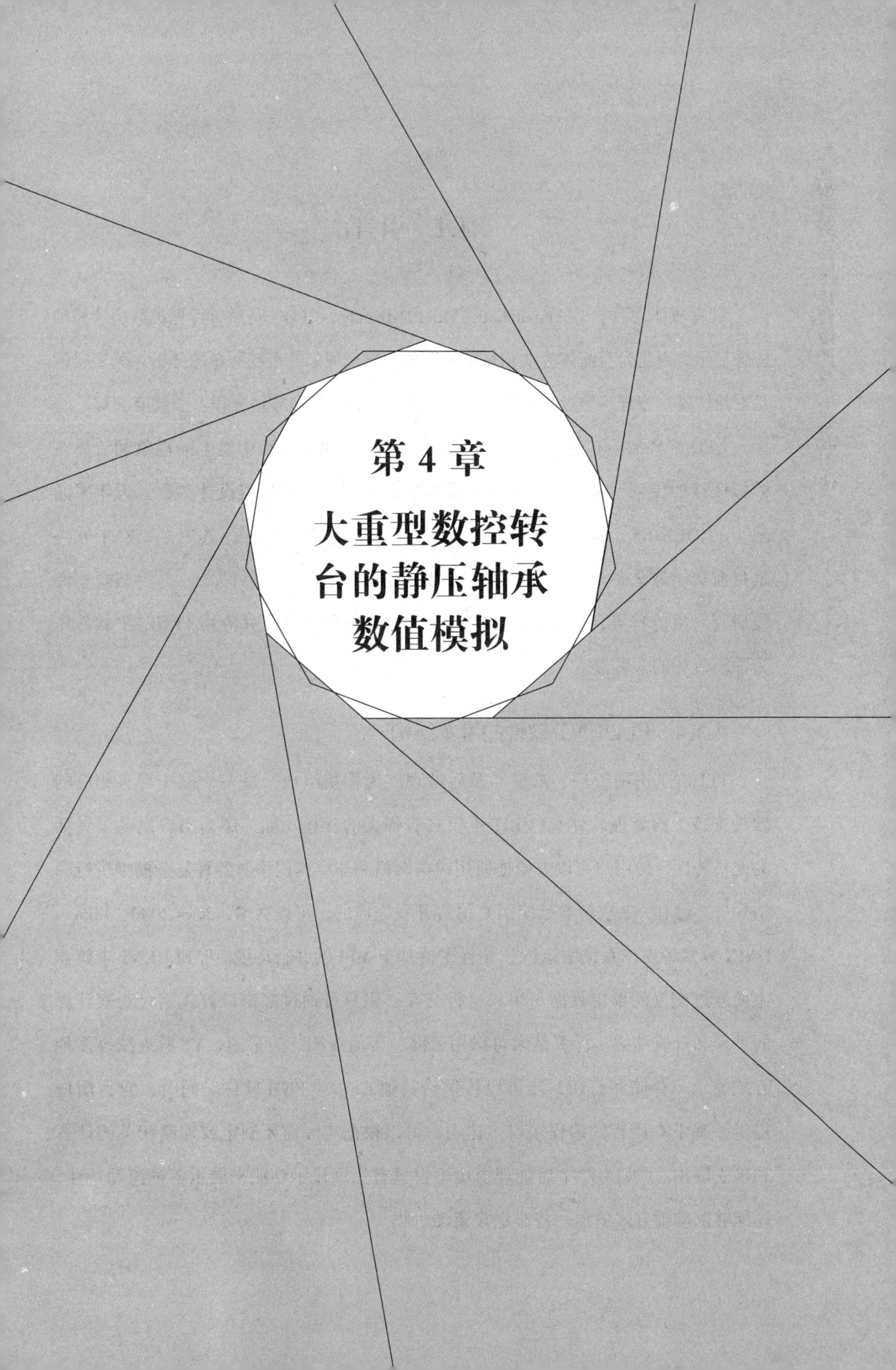

第 4 章

大重型数控转台的静压轴承数值模拟

4.1 引言

计算流体动力学（Computational Fluid Dynamics，CFD）是通过计算机数值计算和图像显示，对包含有流体流动和热传导等相关物理现象的系统所做的分析。其实质就是对流体基本方程（质量守恒方程、动量守恒方程、能量守恒方程）的数值求解。

CFD 软件的模拟计算可以分析并且显示流体流动过程中发生的现象和流体在模拟区域的流动性能，通过对各参数调整，得到相应的最佳设计参数。近年来涌现了 PHOENICS、CFX、FLUENT 等多个优秀商用 CFD 软件，其中 FLUENT 软件是目前功能最全面、适应性最广、国内使用最广泛的 CFD 软件之一。[47] 结合本课题研究对象的特点，选用 GAMBIT 作为网格生成的软件，并应用 FLUENT 软件作为油膜流场的求解器。

4.1.1 FLUENT 软件的基本结构

FLUENT 由前处理、求解器及后处理三大模块组成，每一个模块都有相应的软件支持。前处理软件 GAMBIT 不仅具有强大的建模功能，还为用户提供了灵活的网格特性，使用户可以方便地使用结构网格和非结构网格对各种复杂模型进行网格划分。FLUENT 求解器是使用 C 语言开发完成的，可以在 Windows 2000、Linux、UNIX 等多种操作系统中运行，并且支持基于 MPI 的并行环境。[64]FLUENT 求解器主要通过交互的菜单界面与用户进行交互，用户可通过多窗口方式实时观察计算的进程和计算结果。计算结果可以用云图、等值线图、矢量图、*XY* 散点图等多种方式显示、存储和打印，还可以传送给其他 CFD 或 FEM 软件。同时，它为用户提供了基于 C 语言的编程接口，让用户可以根据实际需要制定或控制相关的计算和输入输出。[69]FLUENT 后处理模块不仅具有三维显示功能来展示各种流动特性，还能够以动画方式演示一些非定常流动过程。

FLUENT 软件包中包括以下几个软件[70]：

（1）FLUENT 求解器——FLUENT 软件的核心，所有计算在此完成。

（2）prePDF——FLUENT 用 PDF 模型计算燃烧过程的预处理软件。

（3）GAMBIT——用于建立几何结构和网格生成的软件。

（4）TGRID——FLUENT 用于从现有的边界网格生成空间体网格的软件。

（5）Filters（Translators）过滤器——或者叫翻译器，可以将其他 CAD 或 CAE 软件生成的网格文件转变成能被 FLUENT 识别的网格文件。

上述几种软件之间的关系如图 4–1 所示。

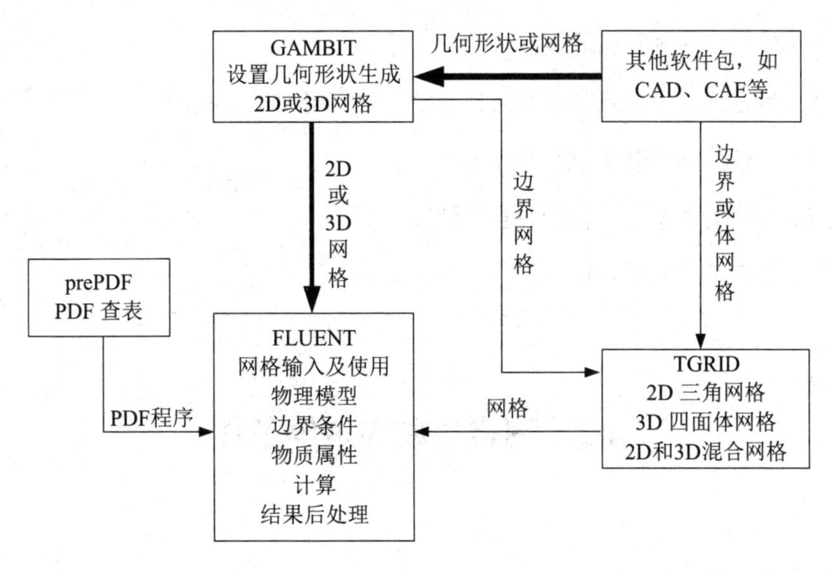

图 4–1　FLUENT 软件的基本程序结构

4.1.2　FLUENT 求解步骤

FLUENT 软件能够模拟多种物理模型[47]，如定常和非定常流动、层流（包括各种非牛顿流模型）、紊流（包括最先进的紊流模型）、不可压缩和可压缩流动、传热、化学反应等。对每一种物理问题的流动特点，都有适合它的数值解法，用户可对显式或隐式差分格式进行选择，以期在计算速度、稳定性和精度等方面达到最佳。FLUENT 将不同领域的计算软件组合起来，成为 CFD 计算机软件群，软件之间可以方便地进行数值交换，并采用统一的前、后处理工具，这就减少了科研工作者在计算方法、编程、前后处理等方面投入的重复、低效的劳动，让他们将主要精力和智慧用于物理问题本身的探索上。

利用 FLUENT 软件进行求解的步骤有以下几点。

（1）构建几何形状，生成计算网格（在 GAMBIT 或其他软件中进行）。

（2）把数据导入 FLUENT 求解器，选择合适的求解器，并检查网格。

（3）选择求解方程：层流或湍流（或无黏流）、化学组分或化学反应、传热模型等。确定其他所需模型，如风扇、热交换器、多孔介质等。

（4）确定流体的材料属性。

（5）确定边界类型及其边界条件，设置材料属性（30# 液压油）。

（6）条件计算控制参数。

（7）对流场模型初始化，并求解计算。

（8）保存结果，进行后处理。

4.2 网格生成和边界条件

4.2.1 网格生成

网格生成是进行模拟计算前非常关键的一步，尤其当物理模型复杂程度较大时，网格生成技术就更为重要。网格可以分为两大类：一类是结构网格（structured grid）；另一类是非结构网格（unstructured grid）。[71] 非结构网格虽然生成过程比较复杂，但有极好的适应性，尤其对具有复杂边界的流场计算问题特别有效。

结构网格的生成一般是通过计算空间与物理空间一组映射（代数形式的映射或微分方程形式的映射）将计算空间中由与各坐标线平行的线条组构成的网格单

元映射成物理空间中的坐标线形成的网格单元，其特点是网格均由坐标线对应的线条组构成。非结构网格则没有这种要求，只要将物理空间用适当的网格单元以任意形式划分即可。所以，结构网格的生成过程相对非结构网格的生成过程要复杂得多。

1. 网格类型

FLUENT 是非结构解法器，它使用内部数据结构为单元和表面网格点分配顺序，以保持临近网格的接触。FLUENT 在二维问题中可以使用由三角形、四边形或混合单元组成的网格，在三维问题中可以使用四面体、六面体、金字塔形以及楔形单元，或者两种单元的混合。网格单元的具体形状如图 4-2 所示。FLUENT 可以接受单块和多块网格，以及二维混合网格和三维混合网格。另外，还接受 FLUENT 有悬挂节点的网格。

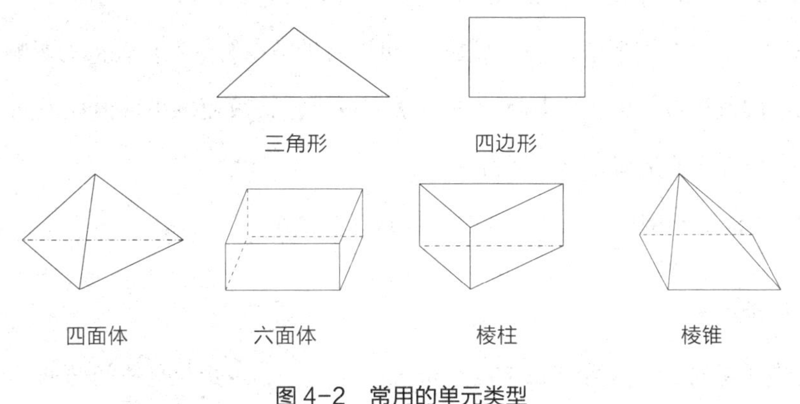

图 4-2 常用的单元类型

在选择网格划分的时候应根据实际问题，可从以下几方面考虑。

首先，初始化的时间。很多实际问题是具有复杂几何外形的，对于这些问题，采用结构网格或块结构网格可能要花费大量的时间，甚至根本无法得到结构网格，因此可以采用三角形和四面体网格。

其次，计算机内存花费。不同的网格单元类型有不同的特点。当模型外形太复杂或者流动的长度尺度太大时，三角形网格和四面体网格所生成的单元会比等量的包含四边形网格和六面体网格的单元少得多。这是因为三角形网格和四面体网格允许单元聚集在流域的所选区域，而四边形网格和六面体网格会在不需要加密的地方产生单元。四边形和六面体单元的一个特点就是它们在某些情况下可以允许比三角形 / 四面体单元更大的比率。大比率的三角形 / 四面体单元总会影响单元的歪斜。因此，如果模型外形相对简单，且流动与其外形很符合时，可以使用大比率的四边形和六边形单元。这种网格划分策略要比单纯三角形 / 四面体网格划分方案少很多单元。

最后，数值耗散。多维条件下主要的误差来源就是数值耗散，又被称为虚假耗散。关于数值耗散有如下几点[61]:

（1）当真实耗散非常小时，即对流作用占主导地位，数值耗散是显而易见的。

（2）所有的解决流体问题的数值格式都会有数值耗散，这是因为数值耗散来源于截断误差，截断误差是由描述流体流动的离散方程导致的。

（3）FLUENT 中所用的二阶离散格式可以帮助减少解的数值耗散的影响。

（4）数值耗散量的大小与网格的分辨率成反比，故而解决数值耗散问题的较直接的一个方法就是精化模型网格。

（5）当流动和网格成一条直线时，数值耗散最小。

2. 网格质量

网格质量对计算精度和稳定性有很大的影响，它本身与具体问题的具体几何特性、流动特性及流场求解算法有关。因此，网格质量最终要由计算结果评判，但误差分析以及经验表明，CFD 计算对计算网格有一些一般性的要求，如光滑性、正交性、网格单元的正则性以及在流动变化剧烈的区域分布足够多的网格点等。[72]

（1）雅可比值。对计算网格的一个最基本的要求是，所有网格点的雅克比值必须为正值，即网格体积必须为正，否则在网格检查的时候就会报错：minimum volume 为负值，会导致计算无法进行，此时就需要修复网格以减少解域的非物理离散（可以在 FLUENT 中 Adapt/Iso-Value 来确定问题）。

（2）节点密度。一般来说，无流动通道应该用少于5个单元来描述。大多数情况需要更多的单元来完全解决。对于大梯度区域，如剪切层或者混合区域，网格必须被精细化，以保证相邻单元的变量变化足够小，但要提前确定流动特征的位置是很困难的。而且在复杂的三维流动中，网格要受到CPU时间和计算机资源的限制。在解运行时和后处理时，网格精度提高，CPU和内存的需求量也会随之增加。

（3）光滑性。临近单元体积的快速变化会导致大的截断误差。截断误差是指控制方程偏导数和离散估计之间的差值。FLUENT可以通过改变单元体积或者网格体积梯度来精化网格，从而提高网格的光滑性。

（4）单元的形状。单元的形状包括扭角、比率、最小边与最大边的比值以及弧长等，明显地影响了数值解的精度。扭角可以定义为该单元和具有同等体积的等边单元外形之间的差别。单元的歪斜太大会降低解的精度和稳定性。例如，四边形网格最好的单元就是顶角为90°，三角形网格最好的单元就是顶角为60°。比率是表征单元拉伸的度量。

以上这些因素对解的精度和稳定性的影响依赖所模拟的流场。对复杂几何外形的网格生成，这些要求往往并不可能同时完全满足。例如，在流动开始的区域，可以忍受过度歪斜的网格，但在具有大流动梯度的区域，这一特点可能会使整个计算无功而返。因为大梯度区域是无法预先知道的，所以我们只能尽量使整个流域具有高质量的网格。又如，给定边界网格点分布，采用拉普拉斯方程生成的网格是最光滑的，但最光滑的网格不一定满足物面边界正交性条件，其网格节点也有可能不能捕捉油膜的流动特征，因此最光滑的网格不一定是最好的网格。[38]

本书主要针对静压推力轴承和静压径向轴承的流场进行数值模拟。两套静压支承系统最大的特点是，液体油膜的厚度极薄（微米级），轴向和径向尺寸相差数十万倍。网格处理方面难度较大，网格生成极为耗时，且极易出错，需要反复尝试和调整，是前期工作中最为耗时的一个环节，并且网格质量的好坏直接影响着模拟的精度和效率。两套静压支承油膜的网格划分将在后续相关章节中详细介绍。

4.2.2 边界条件的类型

边界条件就是流场变量在计算边界上应该满足的数学物理条件。边界条件与初始条件并称为定解条件，只有在边界条件和初始条件确定后，流场的解才存在。边界条件需要在运算前单独进行设定，而初始条件是在FLUENT初始化过程中完成的。在生成几何模型并完成网格划分后，模型边界条件的类型和区域会马上被设定。通常各边界的类型需要逐个指定，只有当多条边界的类型和边界值完全相同时才可以一起指定。但是，如果模型中同时包含流体区域和固体区域，就需要另外指定各区域的类型。CFD求解器（软件FLUENT）提供了Fluid和Solid两种区域类型。同时，CFD求解器（软件FLUENT）也提供了许多基本边界条件：流动进口边界、流动出口边界、已知压力边界、壁面边界、对称边界、周期性（循环）边界、内部单元区域、内部表面边界。

4.2.3 边界条件的设定

本课题主要针对定压供油方式的静压推力轴承承载能力与定量供油方式的静压径向轴承承载能力进行研究。定压供油方式的静压推力轴承采用的边界条件包括压力进口边界、压力出口边界、周期性边界和壁面边界；定量供油方式的静压径向轴承采用的边界条件包括速度进口边界、压力出口边界、壁面边界。本节主要针对以上几种边界设定进行详细的介绍。

1. 压力进口的边界条件

毛细管节流器压力进口采用恒定压力入口的边界条件。压力入口边界条件用于定义流体流动入口的压力以及其他属性。压力入口主要应用于压力已知但流动速度或速率未知的情况，也可以用来定义外部或无约束流的自由边界。压力入口边界条件需要输入Gauge Total Pressure（驻点总压）、Supersonic/Initial Gauge Pressure（静压）和Direction Specification Method（流动方向指定方法）。

2. 压力出口的边界条件[68]

压力出口边界条件需要在出口边界处指定静压力。所有其他的流动属性都从内部推出。在解算过程中，如果压力出口边界处的流动是反向的，回流条件也需要指定。如果对回流问题指定了比较符合实际的值，收敛性困难就会被减到最小。

下面对这两项涉及需要设置的数值进行简单介绍。

（1）操作压力 p_{op}，设定路径：Define/Operating Conditions，操作压力即指环境工况压力，通常会将其设定为 0 或者 0.101 325 MPa，其他压力会被相应设置为绝对压力或表压。

（2）静压值的指定只用于亚音速流动。如果流动变为超声速，就不再使用指定压力了，此时压力要从内部流动中推断。如果用户需要使用压力入口边界条件来初始化解域，Supersonic/Initial Gauge Pressure 是与计算初始值的指定驻点压力相联系的，计算初始值的方法有各向同性关系式（对于可压流）或者伯努利方程（对于不可压流）。因此，对于亚音速入口，它其实是在关于入口马赫数（可压流）或者入口速度（不可压流）合理的估计之上设定的。

（3）总压和总温，这里的总压值是在操作条件面板中定义的与操作压力有关的总压值。对于可压流体为

$$p_0 = p_{st}\left[1+\frac{\gamma-1}{2}M^2\right]^{\gamma/(\gamma-1)} \tag{4-1}$$

式中：p_0——总压力（MPa）；

p_{st}——静压力（MPa）；

M——马赫数，为物质速度与音速的比值，即音速的倍数；

γ——比热容比。

3. 壁面边界条件

壁面边界条件用于限制模型中的流体和固体区域。在黏性流动中，壁面处默认为非滑移边界条件，也可以根据壁面边界区域的平动或者转动设定其切向速度

分量，或者通过指定剪切模拟滑移壁面（也可以在 FLUENT 中用对称边界类型模拟滑移壁面）。

4. 周期性边界

周期性边界条件应用于所计算的物理几何模型和所期待的流动的解具有周期性重复的情况。要使用周期性边界条件，必须在生成网格时就提前对对称边界的网格分布作相应的设置。本课题中恒压供油方式的静压圆环形推力轴承油膜有三个进油口，油腔与油膜均为环形结构。考虑到推力轴承结构周期性特点和计算机运算速度，取其整个结构的 1/3 进行模拟计算。这样，既可以加快计算速度，节省时间，也可以得到理想的结果。

5. 速度进口边界

速度进口边界（Velocity Inlet）用于定义在流动进口处的流动速度及相关的其他标量型流动变量；速度进口边界条件需要输入 Velocity Specification Method（速度指定方法）、Reference Frame（参考坐标系）和 Velocity Magnitude（速度大小）。

4.3 FLUENT 解算器及解的格式

4.3.1 解算器的选择

FLUENT 软件的解算器包含单精度和双精度两种类型。对于二维问题，可选用 2D 或 2DDP 解算器；对于三维问题，可以选择 3D 或 3DDP 解算器。大多数情况下，单精度解算器高效准确，只有在几何图形尺度相差太多（如细长管道），或者几何图形由很多层小直径管道包围而成（如汽车的集管），平均压力不大，但局部区域压力可能相当大（因为只能设定一个全局参考压力位置）时，需要采用双精度解算器来计算压差。对于本课题研究的流场，由于油膜的厚度与轴径相差很大，需要选用双精度解算器。

4.3.2 解的形式

FLUENT 软件提供了分离式和耦合式两类求解器，其中耦合式求解器又分为隐式和显式两种。这三种求解格式都可以在很大流动范围内提供准确的结果，但它们也各有优缺点。

分离式求解器是顺序地、逐一地求解各方程，也就是先在全部网格上解出一个方程后，再解另外一个方程。由于控制方程是非线性的且相互之间是耦合的，因此在得到收敛解之前要经过多轮迭代。耦合式求解器是同时求解连续方程、动量方程、能量方程及组分输运方程的耦合方程组，然后逐一求解湍流等标量方程，由于控制方程是非线性的，且相互之间是耦合的，因此在得到收敛解前也需要经过多轮迭代。[73] 分离式解法和耦合式解法的区别是，连续性方程、动量方程、能量方程以及组分方程的解的步骤不同，分离式解法是按顺序求解，耦合式解法是同时求解。分离式解法和耦合式解法都要想办法将离散的非线性控制方程线性化为在每一个计算单元中相关变量的方程组。

耦合隐式解法与耦合显式解法的区别在于方程线性化方式不同。隐式指对于给定变量，单元内的未知量用邻近单元的已知数值和未知数值计算得出。因此，每一个未知值会不止在一个方程中出现，这些方程必须同时解来给出未知量。显式指对于给定变量，每一个单元内的未知量用只包含已知量的关系式计算得到。因此，未知量只在一个方程中出现，而且每一个单元内的未知量的方程只需要解一次就可以给出未知量的值。[73]

FLUENT 默认使用分离解，但对高速可压流或者在非常精细的网格上的流动，可以考虑隐式解法。这一解法耦合了能量和流动方程，通常能很快收敛。耦合隐式解法所需内存大约是分离解的 1.5 ～ 2 倍。耦合显示解法虽然也耦合了能量和流动方程，但是它所占用的内存比隐式解法少，收敛性也就相应差一些。选择求解器格式的时候要根据需要以及其他相关要素来权衡利弊。

本课题中所研究的静压推力轴承模型与静压径向轴承模型均是不可压缩的理想流体。司奎壮指出，对于重载荷静压径向轴承，油膜的流场可以简化为环形管路。[68] 按环形管路简化计算本书中静压径向轴承油膜的雷诺数 $Re < 2\,300$；静压推力轴承的油膜流动可以近似看作两个平行平板间的间隙流动，经过计算雷诺数 $Re < 500$。

综上所述，本书中静压推力轴承和静压径向轴承的油膜流动均为层流流动，所以应该选用分离式求解器。

4.4 大重型数控转台的定压供油式静压推力轴承数值模拟

4.4.1 模型建立及网格划分

先利用 GAMBIT 对大重型数控转台的圆环形静压推力轴承进行建模。由于本例的推力轴承油膜有三个进油口，油腔与油膜均为环形结构，考虑到结构周期性特点和计算机运算速度，取其整个结构的 1/3 进行建模，如图 4–3 所示。这样所求得承载力乘以 3，就可以得到整个圆环形静压推力轴承的承载能力。

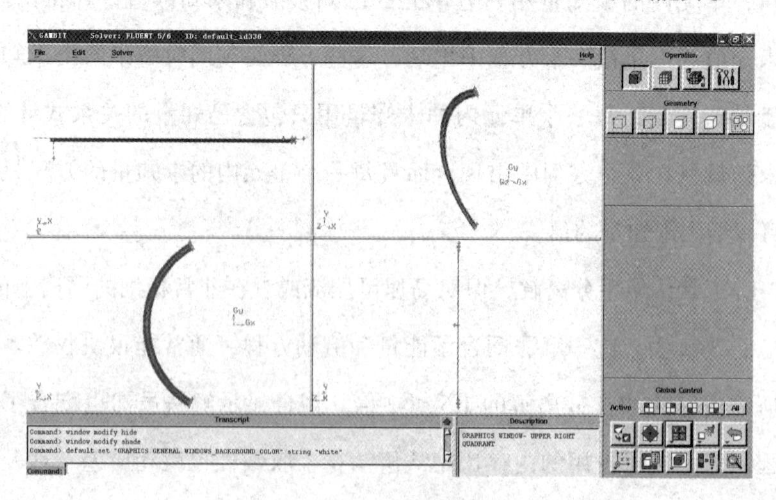

图 4–3 静压推力轴承油膜模型

要研究静压推力轴承的静态性能，主要就是研究模型中轴承表面压力分布和油膜承载能力，因此以油膜为主要研究对象，建模时主要考虑油液的流向，油液从节流器流入，通过一个均压油腔，然后进入基座与运动部件之间的节流间隙，形成油膜，再沿径向内外侧同时流入大气。各部分尺寸如下：基座封油边内侧半径为 R_1 = 1 360 mm，外侧半径为 R_4 = 1480 mm；平均油膜厚度 h=60 μm，节流器直径 d =2 mm，高度为 60 mm，均压油腔内径为 R_2=1 410 mm，外径为 R_3=1 430 mm，深 10 mm，油膜平均厚度 h=50 μm。

本模型网格的划分重点在于划分推力轴承节流口所在表面和油膜厚度方向的网格。油膜厚度极薄，与基座封油边内外半径相比均为极小量（相差数万倍），易造成网格扭曲率大和最小体积为负的情况，降低网格质量，进而影响计算。在网格数量上，理论上网格划分越多，计算精度会越高，但计算的时间也会越长，对计算机硬件设备的要求也更高。而且，FLUENT 不接受体网格超过 150 万的划分，GAMBIT 不接受面网格超过 10 万的划分。由于取 1/3 油膜进行分析，需要应用到周期性边界，故在划分网格前，需将两个横截面连接起来。综合考虑网格质量以及计算机的内存分配，经过反复试验，按照以下方式划分网格，可以得到质量较好、精度足够的网格：采用虚面分割法，将进油管从整个结构中切分开。节流器的小口圆周网格取 N_1=14，节流器轴向网格取 N_2=60；均压腔厚度上取网格数为 N_3=20；油膜径向上取网格数 N_4=120；均压腔与油膜过渡处采用边界层，局部加密网格。在小孔附近圆柱面上采用规则三角形网格（elements : tri ; type : pave ; spacing : apply default）；在均压油腔两端为了减少网格数、提高网格质量，采用矩形网格（elements : tri ; type : pave ; spacing : apply default）；油膜厚度方向细分网格节点数 N_5=3；表面也采用矩形网格（elements: quad; type: pave; spacing; apply default）；整个模型共分网格数 201 967。（图 4-4）

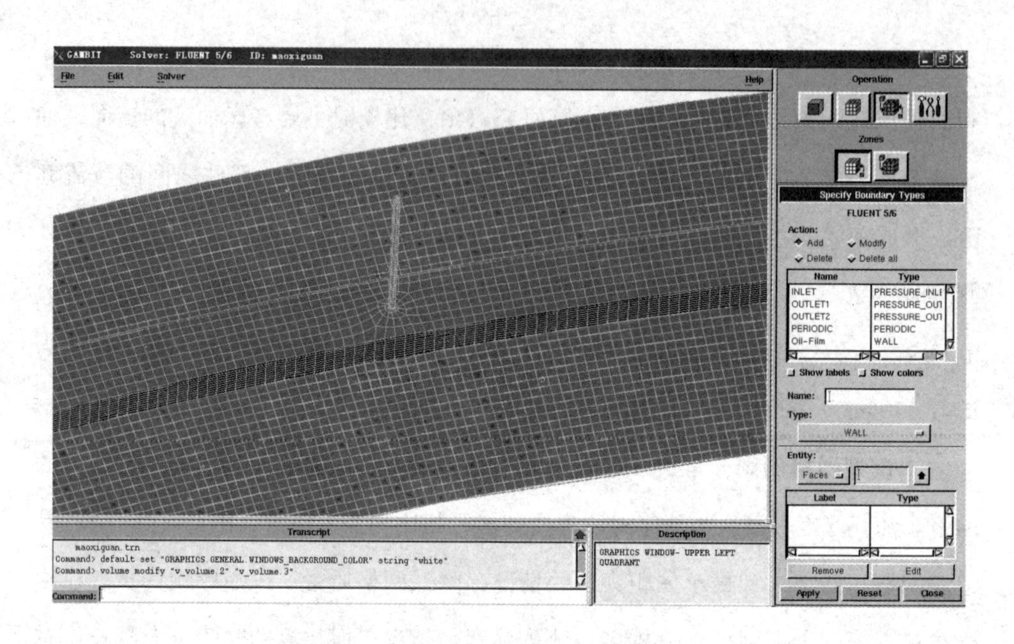

图 4-4　静压推力轴承网格划分图

4.4.2　导入 FLUENT 进行计算 [74]

将以上建好的网格导入 FLUENT，然后按步骤设置参数，使用解算器进行计算。本书选用双精度的三维模型解算器 3DDP；导入网格模型的 .msh 文件；通过 DisPlay/Grid 显示网格；检查网格，必须确保最小体网格单元不为负值，即不会出现负体积，否则 FLUENT 无法进行计算，因为 FLUENT 默认长度单位是 m，而建立模型时采用的单位是 mm，按照模型建立时的尺寸选择合适的比例因子（通过 Grid...Seale 设定）。然后，选择解的格式为分离解算器隐式解法，这一解法耦合了流动和能量方程，常常很快便可以收敛，设定物理模型为层流流动。自定义液压油流体物理性质：自动激活能量方程，液体粘性为 0.03Pa · s，密度为 850kg/m^3，比热容为 2 045 J/（kg.℃），热传导率为 0.13W/（m · K）

使用菜单 Define/Operation Condition 设定参考压力，使用菜单 Define/Boundary Conditions... 相应地设定压力入口边界条件、压力出口边界条件、周期性边界和壁面边界条件。其中，在设置周期性边界时，将其设置为回转性周期边界，如图 4-5 所示。

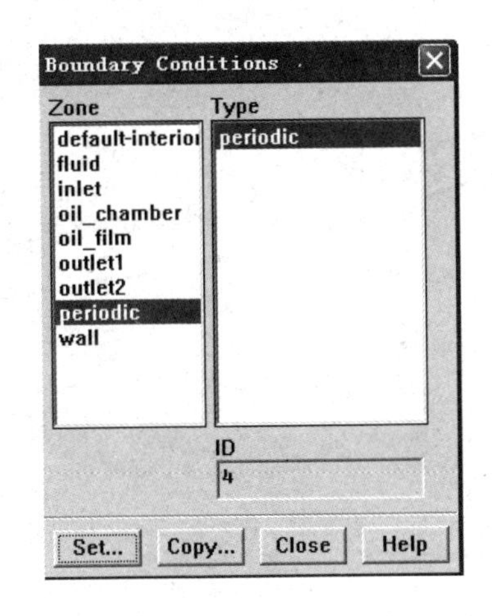

图 4-5　设置边界条件

在计算中，需要通过在 Solve/Controls 子菜单中打开的面板里，改变压松弛因子以及其他流动参数的默认值，加快收敛和提高解的稳定性。点击菜单 Solve/Monitors/Residual...，激活残差图后，在计算过程中可以查看残差。迭代之前需要通过菜单 Solve/Initialize/Initialize... 初始化流场，提供一个初始解。通常初始解设定越接近真实解，越容易收敛。为了以后继续分析，有关问题定义的输入保存在 case 文件中，该文件包括网格、边界条件、解的参数、用户界面和图形环境。然后，选择 Solve/Iterate... 菜单，在迭代按钮处的对话框中输入 200，表示迭代 200 步。迭代开始之后，可以查看图形窗口中的残差图。如图 4-6 所示，迭代至 88 步收敛。

迭代 88 次收敛之后，先打开 Display/Velocity Vectors... 菜单，检查油膜流场发展情况，然后打开 Report/Flux reports/Mass flow rate，检查进油口与出油口的质量流动速率。如果计算结果合适，选择 File/Write/Case&Data... 菜单，保存 case 文件和 data 文件，以便进行其他后续处理。本节主要讨论推力轴承油膜的承载能力以及油膜压力的变化特点。

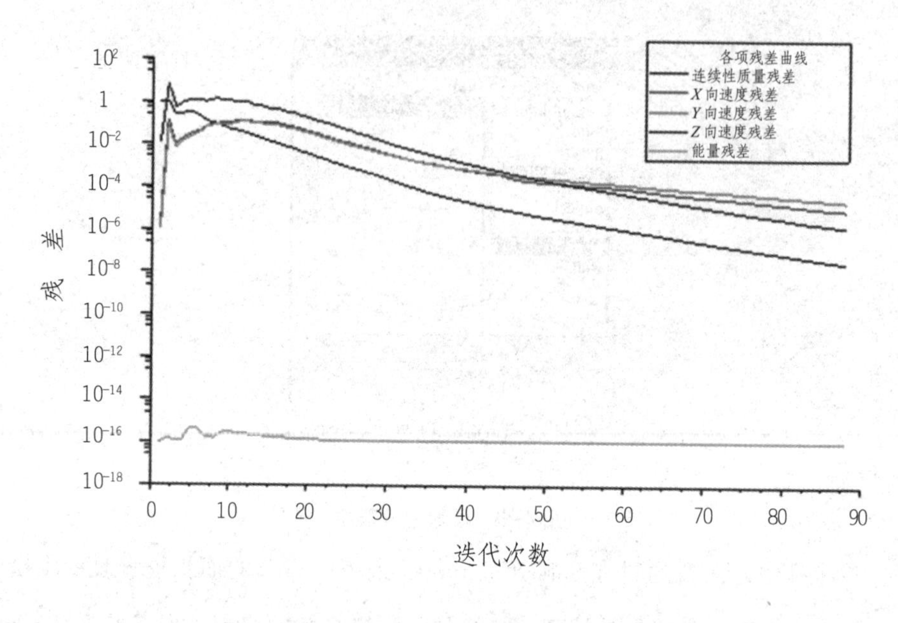

图 4-6 残差曲线

4.4.3 仿真结果与分析

1. 整体压力分布云图

FLUENT 进行计算前，需要额外设置经过进油口并沿径向方向横截面上压力监控和花盘受力的监控。当残差收敛到一定程度后，观看横截面上压力发展趋势和进出口流量是否稳定平衡，并判定收敛是否达到真正收敛。当解收敛后就可以进行结果的后处理了。这里以设计油膜厚度 h=0.05 mm、偏心率 ε=0、进油口供油压力为 P_s=0.4 MPa 的情况为例，给出计算仿真结果，如图 4-7 所示。

由整体压力云图可以看出，液压油经过毛细管节流，压力下降，然后沿径向流向油膜的内外两侧，压力也逐渐降至大气压值。其中，进油口处压力最大，油腔内部压力 P_r 也基本稳定在 0.25 MPa 左右，与理论设计的油腔压力 0.25 MPa 基本相符。

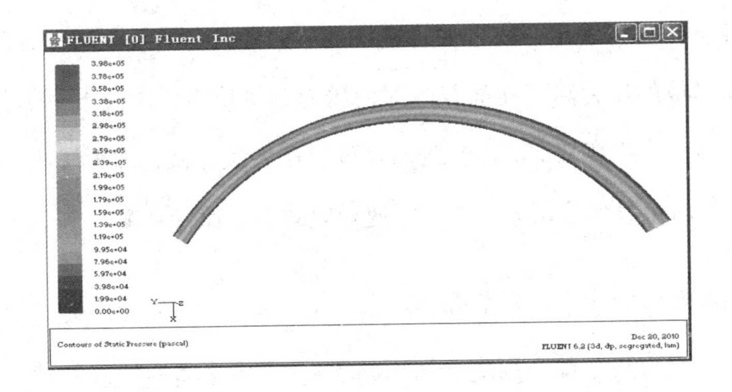

图 4-7　毛细管节流静压推力轴承压力变化云图

2. 经过均压腔油口的径向压力分布图

液压油经过进油口和均压油腔后压力的径向（沿 AB 方向）的压力分布如图 4-8 所示。

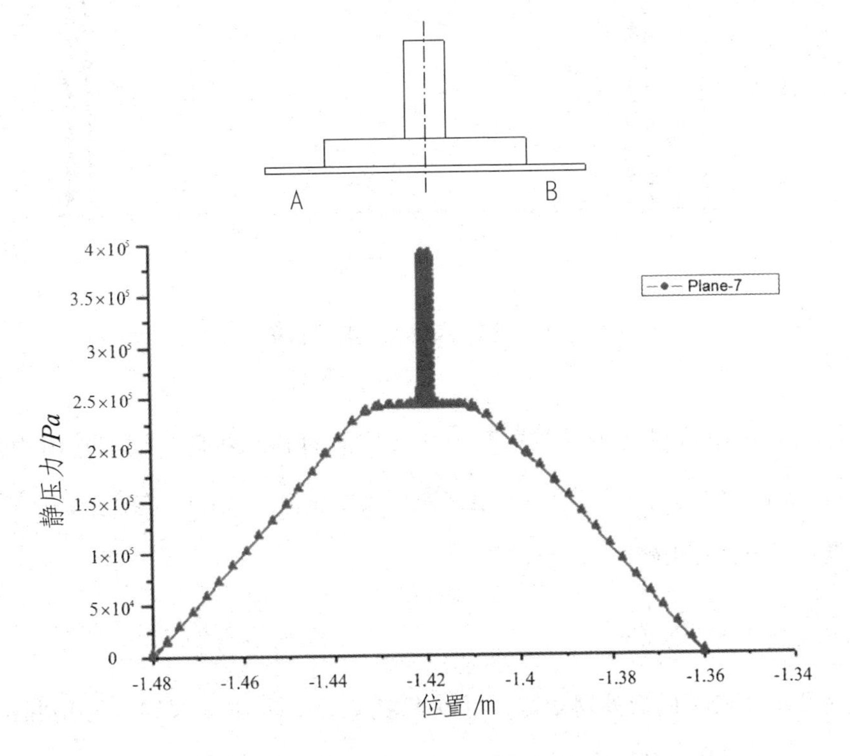

图 4-8　供油口结构示意图及出口压力变化曲线

从图 4-8 中可以看出，在进油管进口处压力最大，曲线中间竖直部分即油液流经节流器形成的压力降；在油腔内部的压力基本稳定，曲线水平部分即油液流经油腔的压力；曲线两端即液压油的出口处，压力值最低，即大气压。总体来看，压力油膜可以将接触面均匀地分离开，使导轨的表面保持平衡。

3. 周期性截面径向压力分布图

由于本例只分析了整个周期性结构的 1/3，在定义周期性边界时，需要将 1/3 结构的两个端面连接起来。

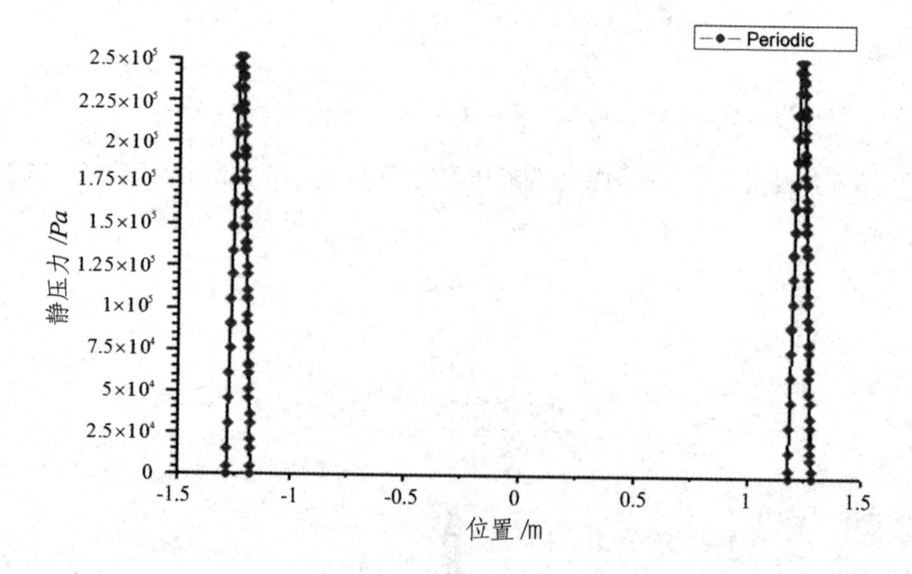

图 4-9 周期性截面径向压力分布图

从图 4-9 中可以看出，左右两侧曲线完全对称，并且曲线都是由中间的 0.25 MPa 向油膜内外两侧递减，并最终减至大气压值。这验证了在建模过程中对周期性边界设置的正确性。

4. 油膜承载能力曲线

利用 FLUENT 的后处理功能，可以直接应用 report/Forces 和 report/Fluxes 分别读出花盘所受的力和液压油的质量流量。在给定的供油压力 P_s=0.4 MPa 作用下，计算不同偏心率下的圆环形推力轴承承载能力，记录读取的数据，绘制成曲线，如图 4-10 所示。

由于开式静压推力轴承不是以零位移、零负载开始计算的，故开式静压推力轴承的平均承载刚度不能够通过承载力直接求得。

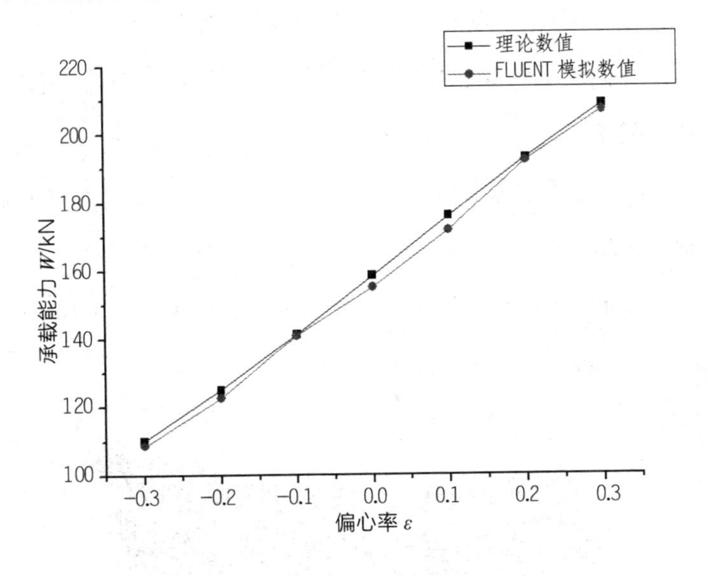

图 4-10　毛细管节流静态推力轴承仿真结果

4.5　大重型数控转台的定量供油式静压径向轴承数值模拟

本数控转台采用芯轴固定，轴瓦浮动方案。油腔结构采用的是回形槽式，并且相邻油腔之间有回油槽（轴向回油槽）隔开而形成各自独立的油垫。相比无轴向回油槽的静压向心轴承，此种油腔结构消除了轴颈转动而形成的内流现象。故而，在求解整个静压径向轴承静态性能时，可以通过对各个油垫单独分析后，再整体合成得到。

4.5.1 模型建立及网格划分

先应用具有强大的三维建模软件 Pro/Engineer，并根据中静压芯轴结构尺寸，绘制出如图 4-11 所示的油膜模型，并将模型输出，其保存格式为 .stp。然后，应用 GAMBIT 软件对 Pro/Engineer 输出的油垫模型进行网格划分。

要研究静压径向轴承的静态性能，主要就是研究模型中轴瓦表面压力分布和油膜承载力及承载刚度，因此以油膜为主要研究对象，建模时主要考虑到油垫中油液的流向，油液从油泵直接流出，通过进油管道，再通过回型均压油腔，然后进入芯轴与轴瓦之间的缝隙中，形成油膜，最后通过轴向回油槽和周向回油槽同时流入大气。静压油垫关键尺寸如下：油腔所在圆柱的直径 D=1 100 mm；油膜平均厚度 h=50 μm；回形槽油腔深 10 mm。

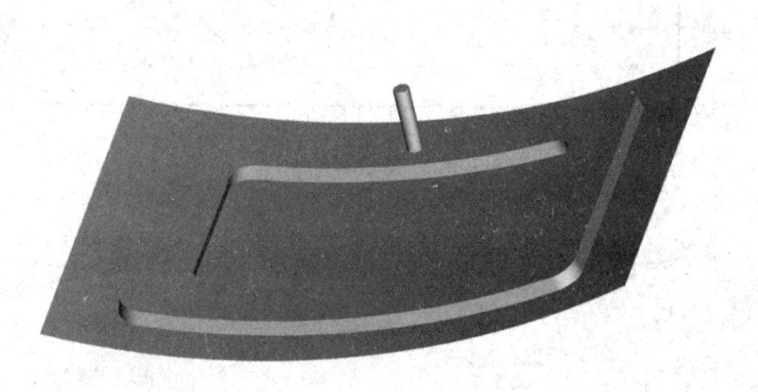

图 4-11　静压径向轴承油垫模型

本模型网格的划分重点在于划分径向轴承进油口所在表面和油膜厚度方向的网格。在综合考虑网格质量以及计算机的内存分配的前提下，经过反复试验，按照以下方式对油腔结构划分网格，可以得到质量较好、精度足够的网格：先采用虚面分割法，将进油管从整个结构中切分出来，这样方便对进油管进行不同网格的划分；进油管的小口圆周网格节点数 N_1=40；油膜的厚度方向上细分网格节点数 N_2=3；油膜轴向上取网格数 N_3=280；油膜的内外侧圆周均取相等间隔长度 L_1=L_2=2；均压腔周围细分网格间隔长度 L_3=1；在均压腔与油膜过渡处仍旧采用边界层，局部加密网格。表面采用矩形网格（elements: quad; type: pave; spacing;

apply default)，共分网格数 275 720 个。(图 4-12)

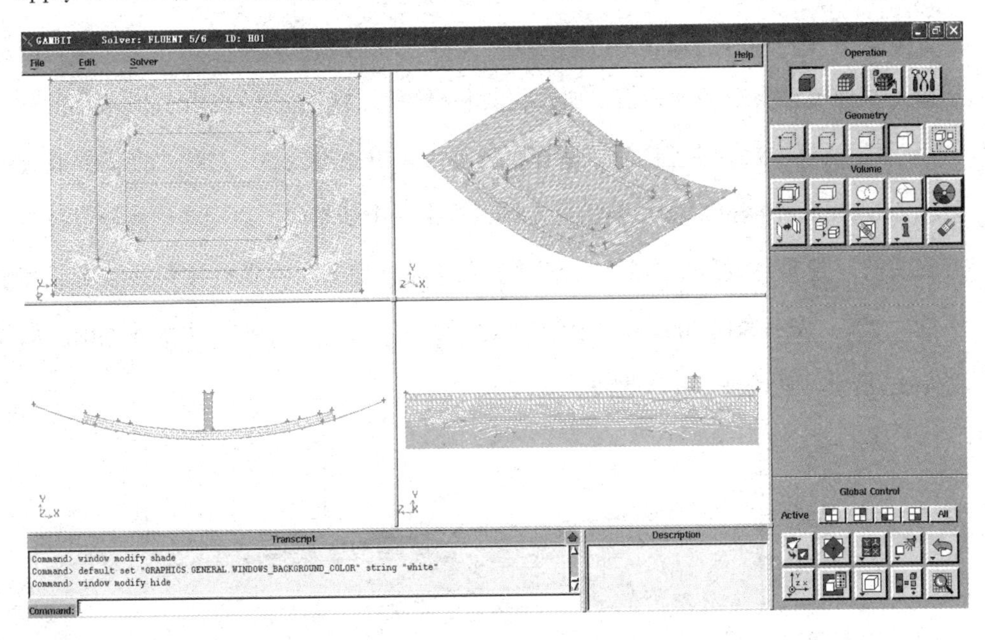

图 4-12 静压径向轴承油垫网格划分图

4.5.2 导入 FLUENT 进行计算[75]

将以上建好的网格导入 FLUENT，然后按步骤设置参数，使用解算器进行计算。为了保证计算精度，选用双精度的三维模型解算器 3DDP；导入网格模型的 .msh 文件；通过 DisPlay/Grid 显示网格；检查网格，确保最小体网格单元不为负值，即不会出现负体积，否则 FLUENT 无法进行计算。因为 FLUENT 默认长度单位是 m，而建立模型时采用的单位是 mm，按照模型建立时的尺寸选择合适的比例因子（通过 Grid...Seale 设定）。

然后选择解的格式为分离解算器隐式解法，这一解法耦合了流动和能量方程，常常很快便可以收敛，设定物理模型为层流流动。自定义液压油（Hydraulic-Oil）流体物理性质：液体粘性为 0.03 Pa·s，密度为 850 kg/m^3。

使用菜单 Define/Operation Condition，设定参考压力；使用菜单 Define/Boundary Conditions... 相应的设定边界条件和壁面边界条件。本课题研究的是有轴向和周向回油槽的单油垫，故选择一个速度进口、四个压力出口以及一个油膜支承壁面。

在计算中，需要通过在 Solve/Controls 子菜单中打开的面板里，改变压松弛因子以及其他流动参数的默认值，加快收敛和提高解的稳定性。点击 Solve/Monitors/Residual... 菜单，激活残差图后，在计算过程中可以查看残差。迭代之前需要通过菜单 Solve/Initialize/Initialize... 初始化流场，提供一个初始解。通常初始解设定越接近真实解，越容易收敛。然后，选择 Solve/Iterate... 菜单，在迭代按钮处的对话框中输入 200，表示迭代 200 步。迭代开始之后，可以查看图形窗口中的残差图。如图 4-13 所示，迭代至 178 步收敛。

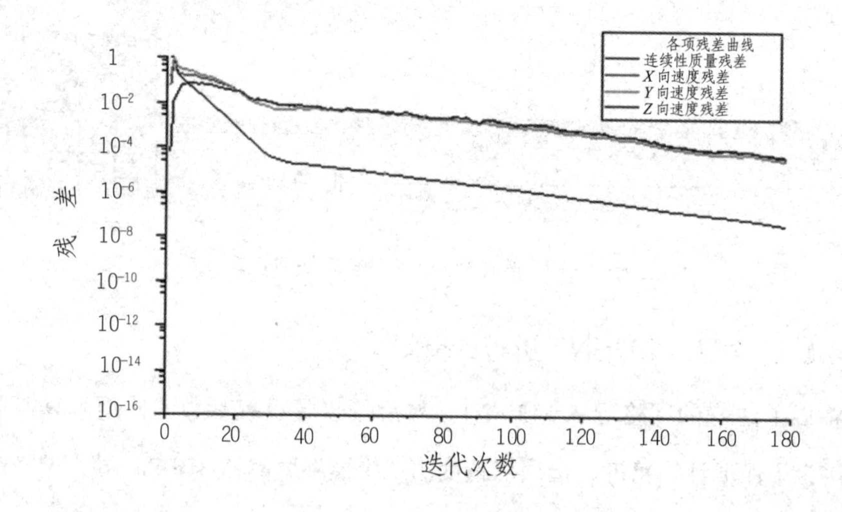

图 4-13 残差曲线

迭代 178 次收敛之后，先打开 Display/Velocity Vectors... 菜单，检查油膜流场发展情况。然后，打开 Report/Flux reports/Mass flow rate，检查进油口与出油口的质量流量是否合适，如图 4-14 所示。最后，选择 File/Write/Case&Data... 菜单，保存 case 文件和 data 文件，以便进行其他后续处理。本节主要讨论径向轴承油膜的承载能力以及油膜轴向和周向上压力的变化特点。

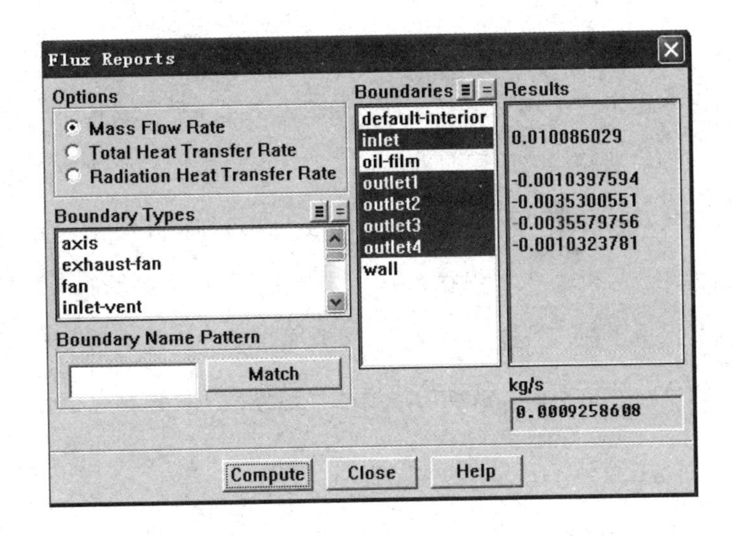

图 4-14　流量报告对话框

4.5.3　仿真结果与分析

1. 整体压力分布云图

FLUENT 进行计算前，设置经过进油口并沿径向方向横截面上压力监控和轴瓦受力的监控。当解收敛后进行结果的后处理。这里以设计油膜厚度 h=0.05 mm，进油口供油速度为 V=0.16 m/s（即 Q=6.1 L/min），偏心率 ε =0 的情况为例，给出计算仿真结果，如图 4-15 所示。

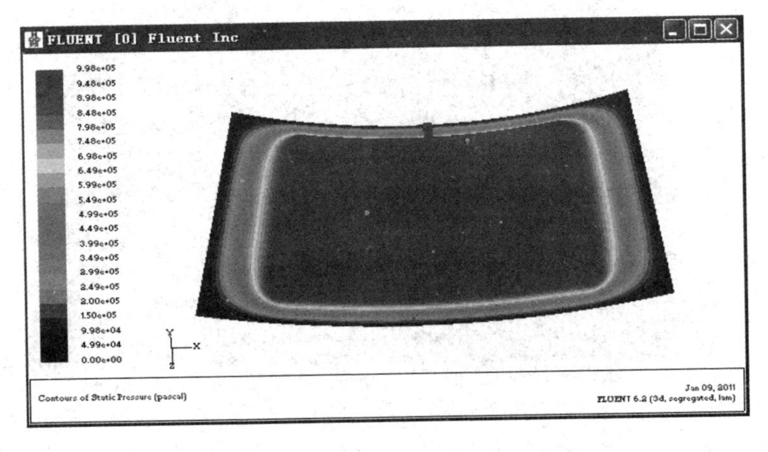

图 4-15　静压径向轴承油垫压力分布云图

压力场分布如图 4–15 所示，中间承载区面积最大（占总面积 75%），此区域油压最大且基本稳定在 1 MPa 左右。回形油腔内侧薄油膜区域起到与油腔相同的承载作用，减少了油腔加工面积，也提高了流体的稳定性。总体来说，整个压力场对中心成均匀对称分布，规律性较强，并且不受进油口在油腔一侧的影响，不会产生倾覆力矩。因此，在理想状态下，压力油膜可以将接触面均匀地分离开，使浮起的轴瓦保持平衡。另外，油压在 4 个直角区域变化较大，由图 4–15 可知，油压沿油腔倒角向外呈平稳无波动的逐渐减小趋势，并最终在边缘处降至 1 个标准大气压。

2. 轴瓦表面压力分布

要求的轴承承载能力的大小，亦即轴瓦受力的大小，需要将轴瓦上各点所承受的压力投影到竖直方向，然后进行积分，再乘以轴的受力面积。因此，研究径向轴承油膜的承载能力转化为对轴瓦所受液体压力的研究。图 4–16（a）为轴瓦压力沿轴向的变化曲线，图 4–16（b）为轴瓦表面所受压力沿圆周方向的变化曲线。

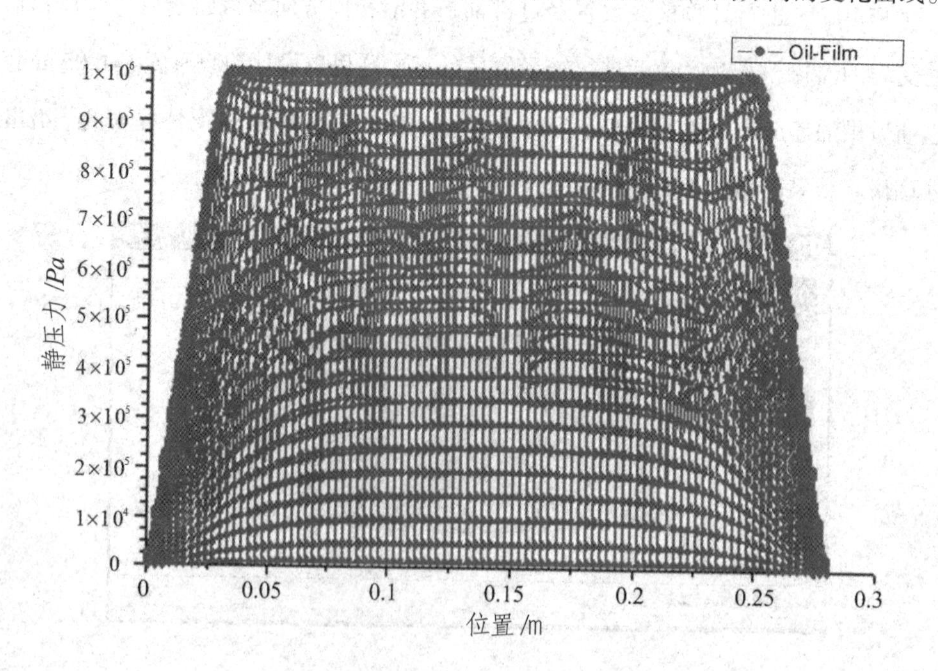

（a）轴瓦表面压力轴向变化曲线

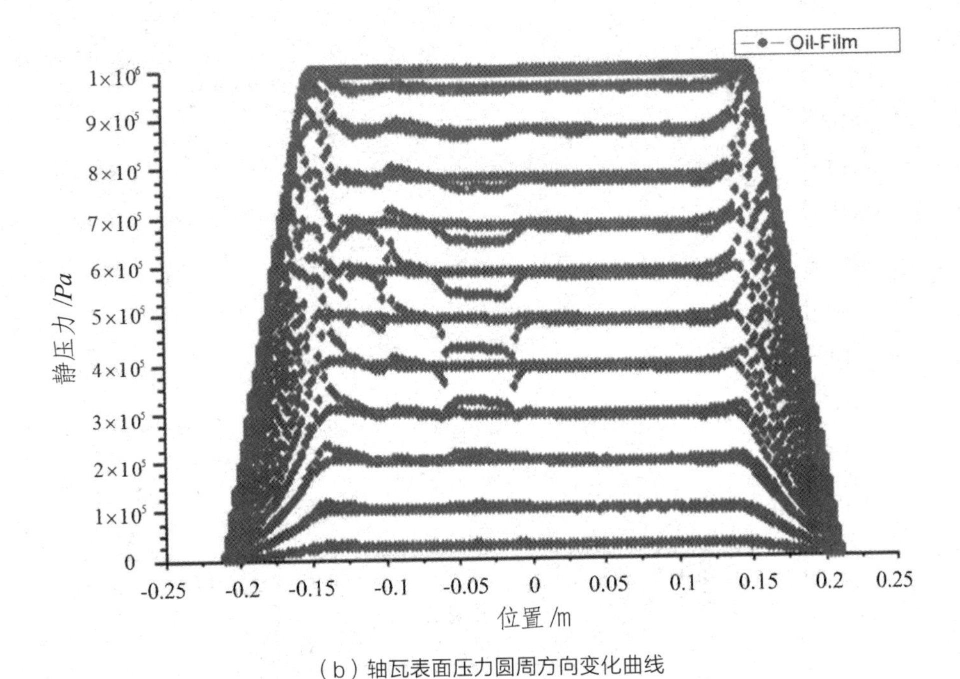

（b）轴瓦表面压力圆周方向变化曲线

图 4–16　静压径向轴承轴瓦表面压力变化曲线

由图 4–16 可以看出，在轴向与周向压力分布趋势相似，两端处的压力最低（即一个大气压）；随着中部均压腔的靠近，轴瓦所受的压力迅速攀升至 1 MPa 左右并趋于平缓。同时，轴向压力从 1 个大气压到 1 MPa 的压力变化相对周向的压力变化要更为密集。这主要是因为两个方向上封油边到大气的距离不等造成的。

3. 经过均压腔和进油口的轴向压力分布图

液体经过进油管和均压腔后压力的轴向分布（沿 A—B 方向截面图）的压力分布如图 4–17 所示。

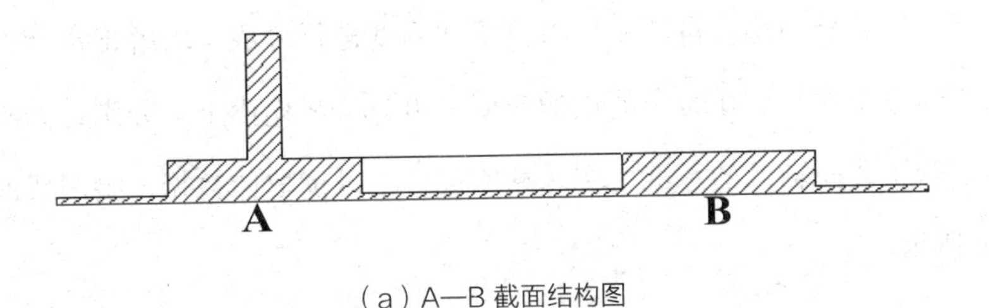

（a）A—B 截面结构图

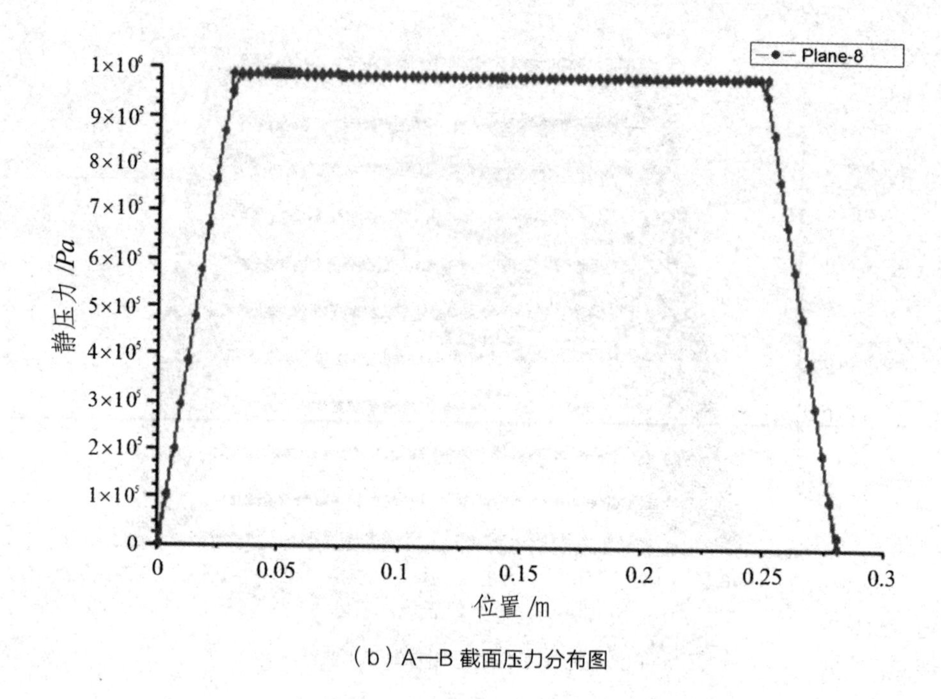

（b）A—B 截面压力分布图

图 4-17　A—B 截面结构示意图及压力分布图

从图 4-17 中可以看出，小孔进油处与均压腔内部压力最高基本稳定在 1 MPa 左右，曲线两侧即油膜的两端压力最低。这主要是因为在静压芯轴与轴瓦之间节流间隙作用下，流经油管、回形均压油腔和油膜中间部分的油液形成稳定的高压力。曲线两侧压力最低则是因为油膜两侧与大气相通。

4. 油膜承载能力和刚度曲线

承载能力和静态刚度曲线利用 FLUENT 的后处理功能，可以直接应用 report/Forces 和 report/Fluxes 分别读出轴瓦所受的力和液压油的质量流量。然后，根据合成原理，将 8 个油垫各自的承载力及承载刚度进行合成，求解出定量供油静压径向轴承的静态性能。在给定的供油速度 V=0.16 m/s 作用下，分别计算不同偏心率下整个静压径向轴承的承载力和承载刚度，记录读取的数据，绘制成曲线，如图 4-18 所示。

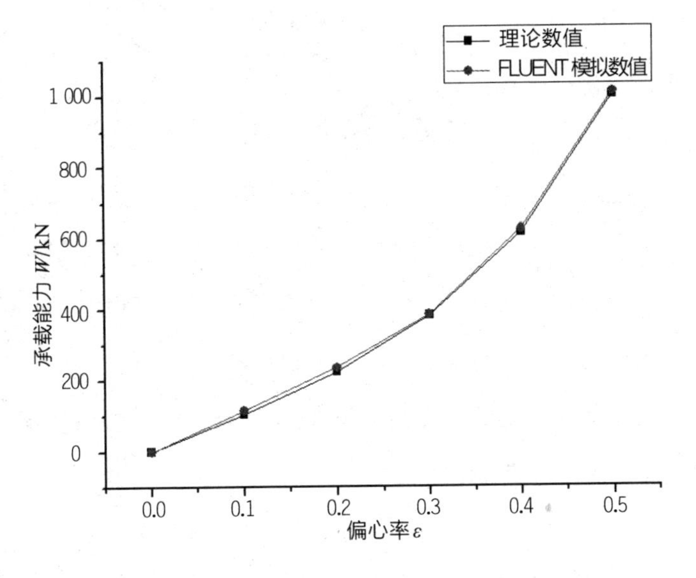

（a）承载能力随偏心率变化曲线

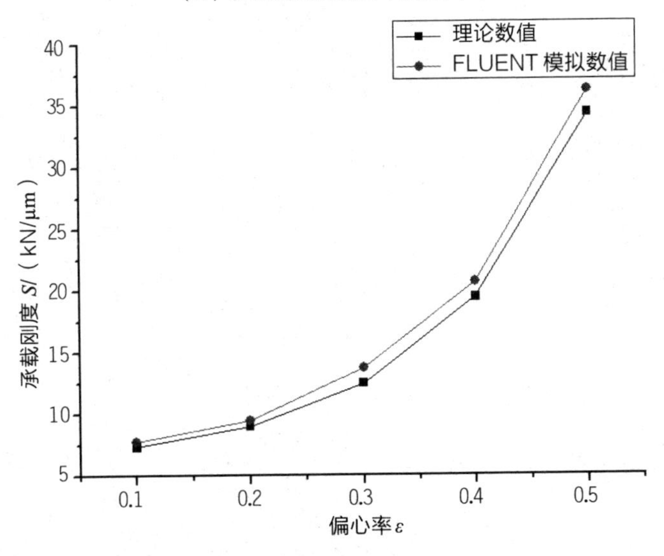

（b）承载刚度随偏心率变化曲线

图 4-18　静压径向轴承静态性能仿真结果

4.6　本章小结

本章基于有限体积法，利用 FLUENT 软件对静压推力轴承和静压径向轴承中油液的流动情况分布进行数值模拟仿真，得到了静压推力轴承和静压径向轴承中液膜流动区域内压力场分布情况，并给出了轴承各自承载能力及刚度曲线。通过对比分析 FLUENT 软件得到的仿真结果与理论计算结果，发现两者吻合良好，说明了数学模型的有效性与正确性。

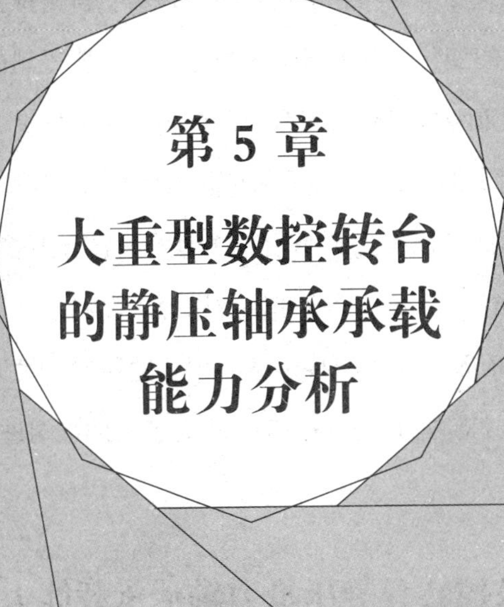

第5章

大重型数控转台的静压轴承承载能力分析

5.1 引言

应用CFD软件FLUENT分别对大重型数控转台上所使用的定压供油式静压推力轴承和定量供油式静压径向轴承进行数值模拟，得到推力轴承和径向轴承内部压力场、速度场等的变化以及承载能力数值结果。所得到的模拟数值结果是我们分析不同因素对大重型数控静压转台承载能力影响的依据，对这些数据进行分析处理，得到各个不同因素对推力轴承和径向轴承影响的规律。

影响定压供油式静压推力轴承承载能力的因素有很多，包括油膜平均厚度、偏心率、节流器孔径、节流器长度和供油压力。影响定量供油式静压径向轴承承载能力的主要因素有油膜平均厚度、偏心率、宽径比和供油速度等。本章主要针对上述各主要因素对推力轴承和径向轴承承载能力的影响进行分析和研究。

5.2 大重型数控转台静压推力轴承承载能力计算结果及分析

5.2.1 偏心率对承载能力的影响

由开式静压推力轴承结构特点可知，开式静压推力轴承间隙上浮不受任何限制。推力轴承偏心率反映的是油膜厚度变化量与理论油膜厚度的比值，即运动部件位移量与初始间隙的比值。

当确定推力轴承进油压力 P_s =0.4 MPa、节流器长度 L=60 mm时，改变节流孔径以及静压推力轴承偏心率，可以得到表5–1推力轴承的承载力数值。图5–1是推力轴承承载力随偏心率的变化曲线。

表5-1 不同偏心率下的承载力

W/kN	ε=-0.3	ε=-0.2	ε=-0.1	ε=0	ε=0.1	ε=0.2	ε=0.3
d=1.0 mm	11.672	14.643	18.709	24.441	32.066	43.406	55.016
d=1.5 mm	49.728 4	59.916 6	72.897 2	88.499 3	107.268	129.108	153.950
d=2 mm	109.647	124.599	140.941	157.981	175.503	192.014	218.619
d=2.5 mm	163.544	176.571	189.034	201.729	212.757	222.705	231.332
d=3 mm	198.694	207.961	216.221	223.765	230.171	235.943	239.526

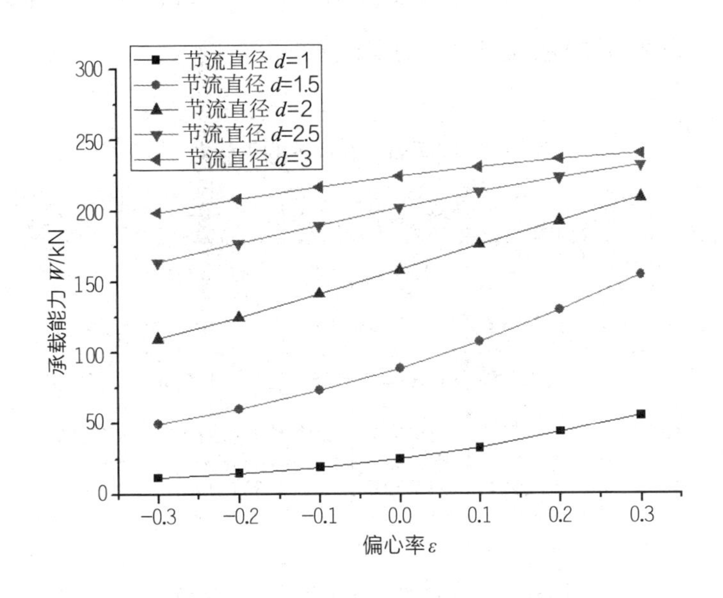

图 5-1 偏心率为 -0.3 ~ 0.3 时的承载力曲线

由表 5-1 和图 5-1 可知，当节流孔径 d=1.0 mm 时，随着偏心率增大，推力轴承的承载力从 11.672 kN 增大到 55.016 kN，增值 ΔW =43.344 kN；当节流孔径 d=1.5 mm 时，随着偏心率增大，推力轴承的承载力从 49.728 4 kN 增大到 153.95 kN，增值 ΔW =104.221 6 kN；当节流孔径 d=2.0 mm 时，随着偏心率增大，推力轴承的承载力从 109.647 kN 增大到 218.619 kN，增值 ΔW =108.972 kN；当节流孔径 d=2.5 mm 时，随着偏心率增大，推力轴承的承载力从 163.544 kN 增大到 231.332 kN，增值 ΔW =67.788 kN；当节流孔径 d=3.0 mm时，随着偏心率增大，

推力轴承的承载力从 198.694 kN 增大到 239.526 kN，增值 ΔW =40.832 kN。

由此可知，随着偏移率的增大，静压推力轴承承载力呈现不断增大的趋势，静压推力轴承承载力的增值 ΔW 却是先增大后减小，其中在偏心率 ε =0 时，静压推力轴承的增值最大。

5.2.2 节流器孔径对承载能力的影响

当确定静压推力轴承油膜厚度 h=0.05 mm、进油压力 $\boldsymbol{P}_s$ =0.4 MPa、节流器长度 L=60 mm 时，仅改变节流器孔直径，就可得到表 5–2 的静压导轨承载力数值。图 5–2 是承载力在不同节流器孔径下的变化曲线。

表5–2 不同节流孔径下的承载力

W/kN	ε=–0.3	ε=–0.2	ε=–0.1	ε=0	ε=0.1	ε=0.2	ε=0.3
d=1.0 mm	11.672	14.643	18.709	24.441	32.066	43.406	55.016
d=1.5 mm	49.728 4	59.916 6	72.897 2	88.499 3	107.268	129.108	153.950
d=2 mm	109.647	124.599	140.941	157.981	175.503	192.014	218.619
d=2.5 mm	163.544	176.571	189.034	201.729	212.757	222.705	231.332
d=3 mm	198.694	207.961	216.221	223.765	230.171	235.943	239.526

由表 5–2 和图 5–2 可知，当偏心率 ε =–0.3 时，随着节流孔径增大，推力轴承的承载力从 11.672 kN 增大到 198.694 kN，增值 ΔW =187.022 kN；当偏心率 ε =–0.2 时，随着节流孔径增大，推力轴承承载力从 14.643 kN 增大到 207.961 kN，增值 ΔW =193.318 kN；当偏心率 ε =–0.1 时，随着节流孔径增大，推力轴承的承载力从 18.709 kN 增大到 216.221 kN，增值 ΔW =197.512 kN；当偏心率 ε =0 时，随着节流孔径增大，推力轴承承载力从 24.441 kN 增大到 223.765 kN，增值 ΔW =199.324 kN；当偏心率 ε =0.1 时，随着节流孔径增大，推力轴承的承载力从 32.066 kN 增大到 230.171 kN，增值 ΔW =198.105 kN；当偏心率 ε =0.2 时，随着节流孔径增大，推力轴承的承载力从 43.406 kN 增大到 235.943 kN，增值 ΔW =192.537 kN；当偏心率

ε =0.3 时，随着节流孔径增大，推力轴承的承载力从 55.016 kN 增大到 239.526 kN，增值 ΔW =184.51 kN。

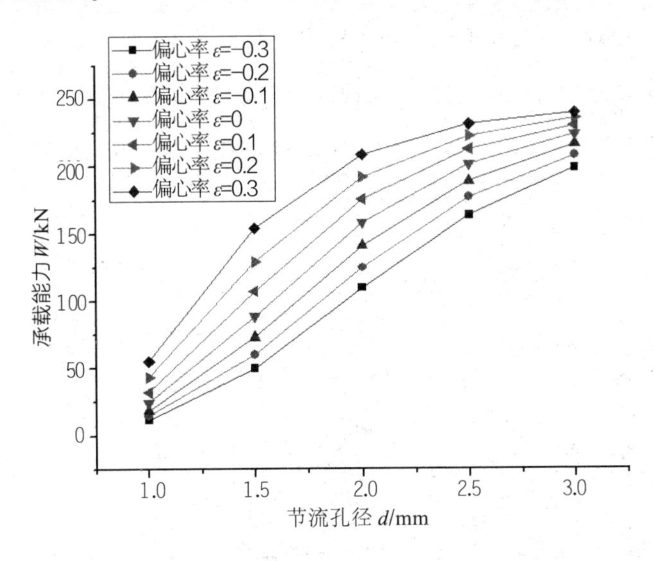

图 5-2　节流孔径为 1.0 ～ 3.0 mm 时的承载力曲线

由此可知，随着节流孔径的增大，进油液阻减小，推力轴承承载力呈增大趋势，推力轴承承载力的增值 ΔW 却是先增大后减小，其中在节流孔径 d=2.0 mm 时，承载力增值最大。

5.2.3　节流器长度对承载能力的影响

当确定静压推力轴承油膜厚度 h=0.05 mm、节流器直径 d=2 mm、进油压力 $\boldsymbol{P}_s$ =0.4 MPa 时，仅改变节流器长度就可得到表 5-3 的轴承承载能力数值。图 5-3 是轴承承载力在不同节流器长度下的变化曲线。

表5-3　不同节流器长度下的承载力

W/kN	ε=−0.3	ε=−0.2	ε=−0.1	ε=0	ε=0.1	ε=0.2	ε=0.3
L=50 mm	123.56	138.691	156.186	170.428	188.327	201.032	225.325
L=55 mm	117.197	132.512	147.972	164.829	182.129	198.635	222.269

续 表

W/kN	ε=-0.3	ε=-0.2	ε=-0.1	ε=0	ε=0.1	ε=0.2	ε=0.3
L=60 mm	109.647	124.599	140.941	157.981	175.503	192.014	218.619
L=65 mm	106.271	121.031	138.214	155.109	172.364	190.428	208.853
L=70 mm	103.933	118.135	134.672	150.873	168.164	188.263	204.547

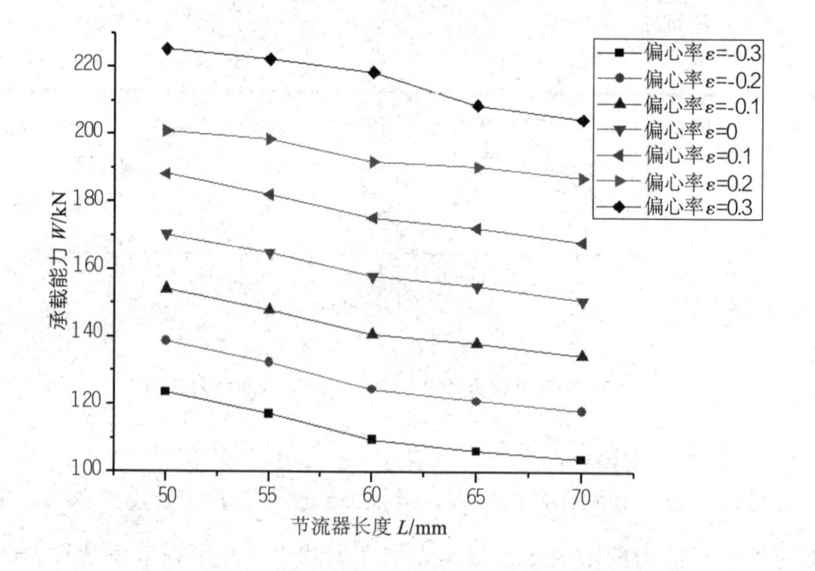

图 5-3　节流器长度为 50 ～ 70 mm 时的承载力曲线

由表 5-3 和图 5-3 可知，当节流器长度 *L*=50 mm 时，推力轴承的承载力从 123.56 kN 增大到 225.325 kN，增值 Δ*W* =101.765 kN；当节流器长度 *L*=55 mm 时，推力轴承的承载力从 117.197 kN 增大到 222.269 kN，增值 Δ*W* =105.072 kN；当节流器长度 *L*=60 mm 时，推力轴承的承载力从 109.647 kN 增大到 218.619 kN，增值 Δ*W* =108.972 kN；当节流器长度 *L*=65 mm 时，推力轴承的承载力从 106.271 kN 增大到 208.853 kN，增值 Δ*W* =102.582 kN；当节流器长度 *L*=70 mm 时，推力轴承的承载力从 103.933 kN 增大到 204.547 kN，增值 Δ*W* =100.614 kN。

由此可知，在节流器长度一定时，随着偏心率的增大，轴承的承载力呈增大趋势；相反，在偏心率一定时，随着节流器长度的增加，进油液阻增大，轴承承载力呈减小趋势。

5.2.4 进油压力对承载能力的影响

当确定静压推力轴承节流器直径 d =2 mm、节流器长度 L=60 mm、油膜厚度 h =0.05 mm 时，仅改变进油压力就可得到表 5–4 的轴承承载能力数值。图 5–4 给出了油泵供油压力分别为 0.2 MPa、0.25 MPa、0.3 MPa、0.4 MPa、0.5 MPa 下承载力的变化曲线。

表5–4 不同进油压力下的承载力

W/kN	P_s =0.2 MPa	P_s =0.25 MPa	P_s =0.3 MPa	P_s =0.4 MPa	P_s =0.5 MPa
ε =–0.3	54.785 51	68.619 05	82.260 51	109.646 5	137.113 9
ε =–0.2	62.445 75	77.858 25	93.455	124.598 6	155.744 6
ε =–0.1	70.559 62	88.151 81	105.723 6	140.940 7	176.185 4
ε =0	79.256 05	98.831 62	118.554 8	157.980 9	197.648 5
ε =0.1	87.560 97	109.964 4	131.710 3	175.503 4	219.365 2
ε =0.2	96.306 89	120.649 7	144.469 9	192.013 7	239.687 8
ε =0.3	104.073 8	130.679 2	156.568 4	208.619 4	259.863 7
ε =0.4	110.998 96	140.056 9	167.422 6	221.338 7	280.555 4
ε =0.5	115.607 7	146.123 5	175.283 2	232.684 1	296.180 7
ε =0.6	120.415 01	151.127 1	182.665 2	246.943 9	307.902 2

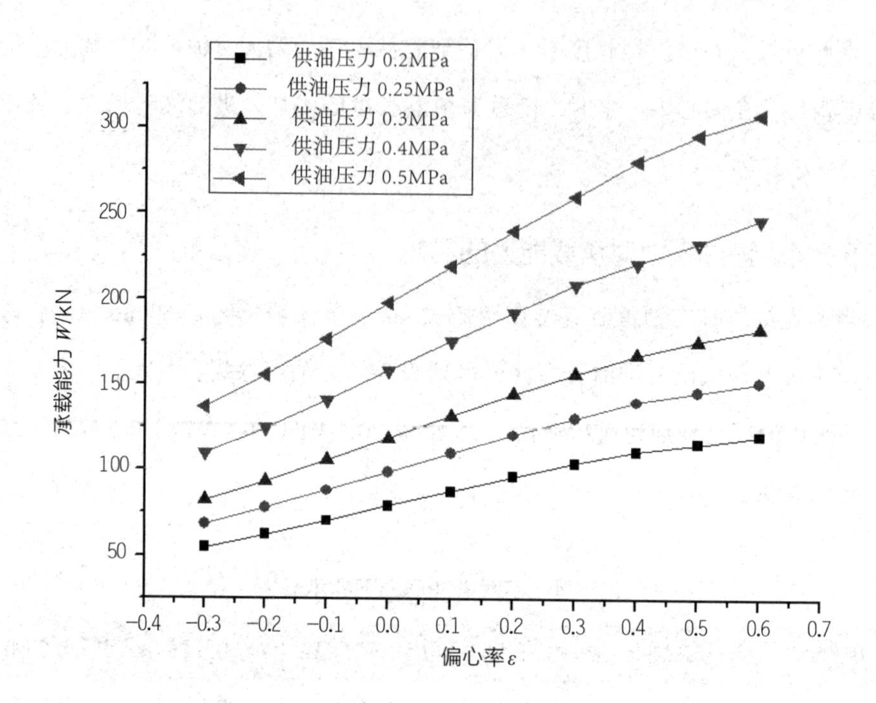

图 5-4　进油压力为 0.2 ~ 0.5 MPa 下的承载力

由表 5-4 和图 5-4 可知，当进油压力 $\boldsymbol{P}_s$ =0.2 MPa 时，推力轴承的承载力从 54.785 51 kN 增大到 120.415 01 kN，增值 ΔW =65.629 5 kN；当进油压力 $\boldsymbol{P}_s$ =0.25 MPa 时，推力轴承的承载力从 68.619 05 kN 增大到 151.127 1 kN，增值 ΔW =82.508 05 kN；当进油压力 $\boldsymbol{P}_s$ =0.3 MPa 时，推力轴承的承载力从 82.260 51 kN 增大到 182.665 2 kN，增值 ΔW =100.404 69 kN；当进油压力 $\boldsymbol{P}_s$ =0.4 MPa 时，推力轴承的承载力从 109.646 5 kN 增大到 246.943 9 kN，增值 ΔW =137.297 4 kN；当进油压力 $\boldsymbol{P}_s$ =0.5 MPa 时，推力轴承的承载力从 137.113 9 kN 增大到 307.902 2 kN，增值 ΔW =170.788 3 kN。

由此可知，在进油压力一定时，随着偏心率的增大，静压推力轴承承载力和承载力增值 ΔW 都是呈增大趋势；在偏心率一定时，随着进油压力的增大，静压推力轴承承载力也是呈增大趋势。

5.3 大重型数控转台静压径向轴承承载能力计算结果及分析

5.3.1 油膜厚度对承载能力的影响

当确定静压径向轴承进油口直径 d=10 mm、进油口流速 V=0.16 m/s 时，仅改变油膜厚度，就可得到表 5-5 的轴承承载能力（四个对置油垫的合力）及表 5-6 的承载刚度数值（4 个对置油垫的合刚度）。

表5-5 不同油膜厚度下的承载力

W/kN	ε=0.1	ε=0.2	ε=0.3	ε=0.4	ε=0.5
h=0.04 mm	201.742 8	440.683 5	751.878 1	1 210.147 2	1 969.654 5
h=0.05 mm	114.832 7	235.543 7	383.835 3	624.536 9	1 010.282 1
h=0.06 mm	61.392 7	130.984 2	223.586 4	358.994 6	586.289 3
h=0.08 mm	26.173 5	55.873 9	95.235 8	153.428 6	248.083 9
h=0.1 mm	6.405 3	14.748 7	25.684 2	39.413 5	58.817 9

表5-6 不同油膜厚度下的承载刚度

S/（kN/μm）	ε=0.1	ε=0.2	ε=0.3	ε=0.4	ε=0.5
h=0.04 mm	17.896	22.753 2	32.462 5	50.287 5	86.437 6
h=0.05 mm	7.741 2	9.451 8	13.694 1	20.638	36.196 5
h=0.06 mm	3.927 6	5.038 7	6.073 6	10.863 1	18.487 3
h=0.08 mm	1.649 3	1.869 3	2.263 5	3.183 4	6.658 2
h=0.1 mm	0.640 53	0.784 9	1.006 2	1.584 1	2.738 1

由图 5-5 和图 5-6 可以看出，随着油膜厚度的增大，液体静压径向轴承的承载力和刚度都呈现减小的趋势，且其减小的幅度趋于减缓。就液体静压轴承设计

中对油膜刚度的要求尽可能大这一点来说，按照图 5-6 所显示的规律，径向间隙取得越小越好。但在工程实际中应考虑到工艺问题，径向间隙越小，对加工工艺的要求也越高，所耗费的成本也就越大。因此，在设计时应综合考虑精度要求和加工工艺，合理地选择油膜厚度。

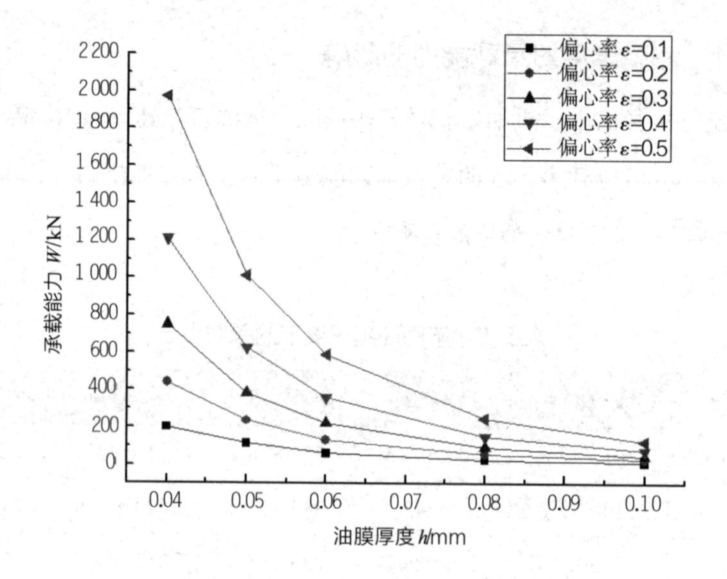

图 5-5　油膜厚度为 0.04 ～ 0.1 mm 下的承载力曲线

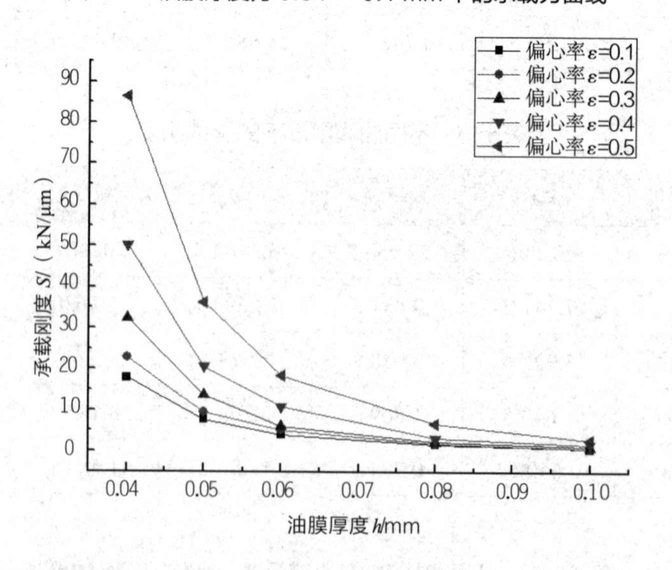

图 5-6　油膜厚度为 0.04 ～ 0.1 mm 下的承载刚度曲线

5.3.2 偏心率对承载能力的影响

当确定静压轴承进油口直径 d=10 mm、进油速度 V=0.16 m/s 时，改变轴心偏移率，可得到图 5-7 和图 5-8 的轴承承载力和刚度变化曲线。由图 5-7 和图 5-8 可知，当偏心率增大时，承载能力与承载刚度都呈现增大趋势。

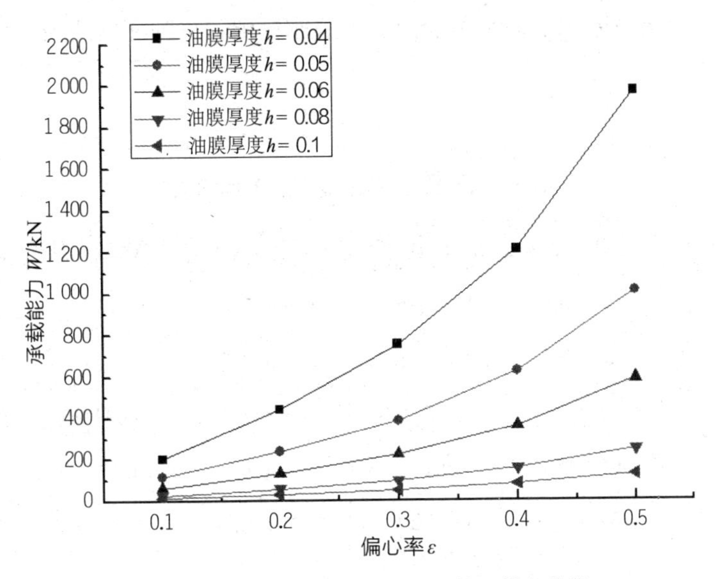

图 5-7 偏心率为 0.1 ～ 0.5 下的承载力曲线

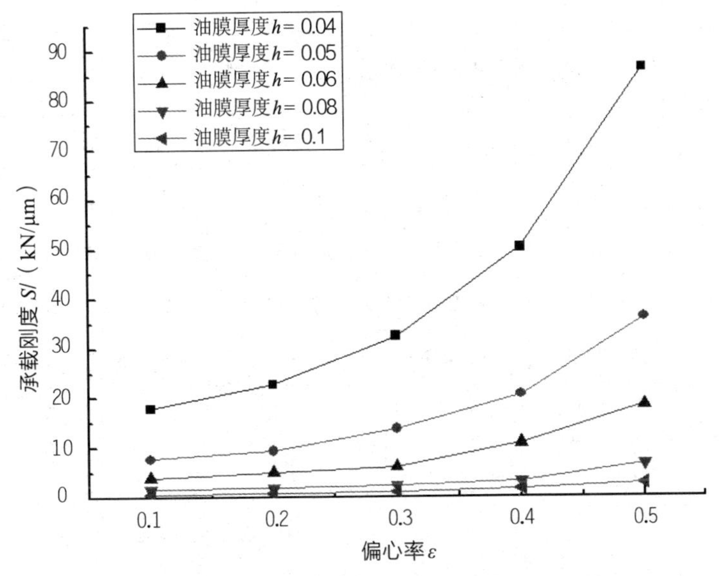

图 5-8 偏心率为 0.1 ～ 0.5 下的承载刚度曲线

5.3.3 进油速度对承载能力的影响

当确定静压轴承油膜厚度 h=0.05 mm、进油口直径 d=10 mm 时，仅改变进油口的供油速度，就可得到表 5-7 的轴承承载能力及表 5-8 的刚度数值。图 5-9 和图 5-10 给出了供油压力为 0.1 ～ 0.32 m/s 时的静特性曲线。由图 5-9 和图 5-10 可以看出，静压径向轴承的承载能力和油膜刚度随着进油速度的增大而近似成比例地增加。

表5-7　不同进油速度下的轴承承载力

W/kN	V=0.1 m/s	V=0.14 m/s	V=0.16 m/s	V=0.2 m/s	V=0.32 m/s
ε =0.1	71.786 3	101.036 3	114.832 7	143.927 5	229.693 6
ε =0.2	148.854 3	207.575 2	235.543 7	295.246 9	470.873 5
ε =0.3	243.783 2	337.835 8	383.835 3	480.041 25	768.098 5
ε =0.4	396.135 8	549.136 4	624.536 9	781.591 2	1 251.037 6
ε =0.5	637.625 3	888.789 2	1 010.282 1	1 262.016 4	2 022.65

表5-8　不同进油速度下的轴承刚度

S/（kN / μm）	V=0.1 m/s	V=0.14 m/s	V=0.16 m/s	V=0.2 m/s	V=0.32 m/s
ε =0.1	4.648 3	6.883 5	7.741 2	9.701 6	15.089 2
ε =0.2	5.672 2	8.545 7	9.451 8	12.073 2	18.541 6
ε =0.3	8.021	11.923 8	13.694 1	16.637 1	25.539
ε =0.4	13.641	17.021 5	20.638	25.783 9	39.847 5
ε =0.5	22.784 5	32.569 8	36.196 5	44.561 3	70.782 6

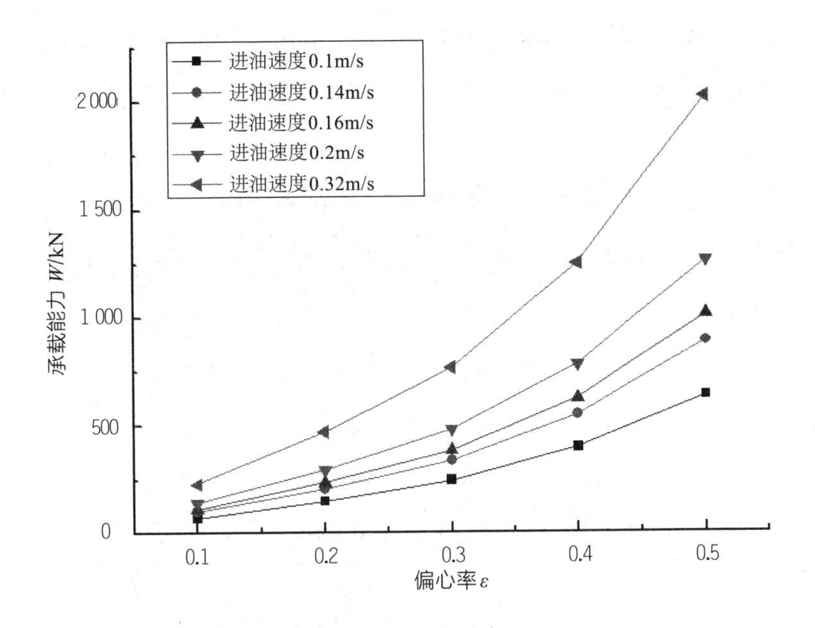

图 5-9 进油速度为 0.1 ~ 0.32 m/s 的承载力曲线

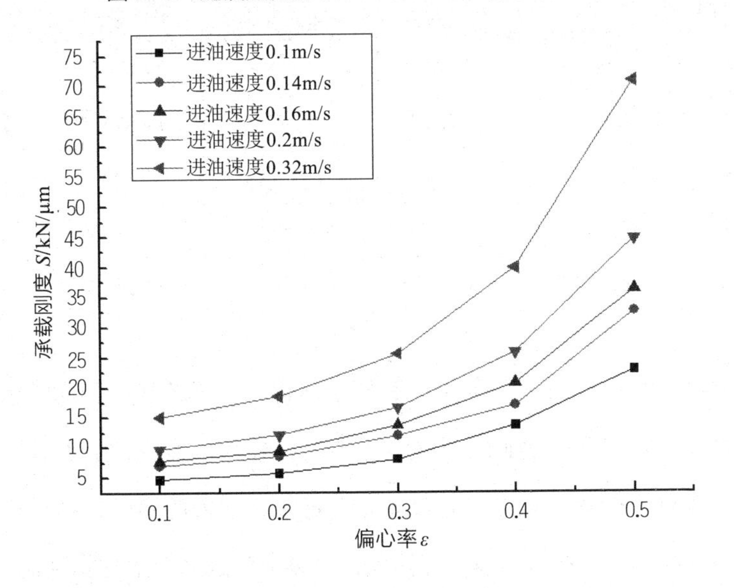

图 5-10 进油速度为 0.1 ~ 0.32 m/s 的承载刚度曲线

5.3.4 宽径比对承载能力的影响

当确定静压轴承进油口直径 d=10 mm、进油口流速 V=0.16 m/s、油膜厚度

h =0.05 mm、芯轴轴径 D=1 100 mm 时，仅改变轴瓦高度 B，就可得到表 5-9 的承载力及表 5-10 的承载刚度数值。

表5-9　不同宽径比下的轴承承载力

W/kN	$\bar{b}=0.24$	$\bar{b}=0.255$	$\bar{b}=0.26$	$\bar{b}=0.28$	$\bar{b}=0.3$
ε =0.1	84.935 6	114.832 7	118.513 02	129.086 3	139.936 6
ε =0.2	183.975 5	235.543 7	257.627 77	277.922 1	303.825 1
ε =0.3	312.484 9	383.835 3	404.167 02	472.427 9	516.024 7
ε =0.4	502.846 3	624.536 9	650.147 84	758.082 4	831.046 31
ε =0.5	820.530 2	1 010.282 1	1 059.883 7	1 233.078 5	1 350.092 8

表5-10　不同宽径比下的轴承承载刚度

S/（kN/μm）	$\bar{b}=0.24$	$\bar{b}=0.255$	$\bar{b}=0.26$	$\bar{b}=0.28$	$\bar{b}=0.3$
ε =0.1	6.125 8	7.741 2	7.818 1	9.087 9	9.533 7
ε =0.2	7.673 2	9.451 8	9.573 3	11.874 3	12.742 1
ε =0.3	10.934 6	13.694 1	13.851 1	15.793 2	17.234 8
ε =0.4	17.253 2	20.638	20.909 2	24.347 5	27.384 6
ε =0.5	29.327 5	36.196 5	36.518 5	42.549 7	46.837 1

由图 5-11 和图 5-12 可以看出，静压径向轴承的承载能力和油膜承载刚度随着宽径比的变大而增加，因此设计过程中应选择较大的宽径比。但是，考虑到数控转台实际条件，轴承的宽度不宜过大。在宽径比增大的同时，轴承的摩擦消耗和油泵功率也会增加。综合考虑上述因素，应该注意选择合适的宽径比。

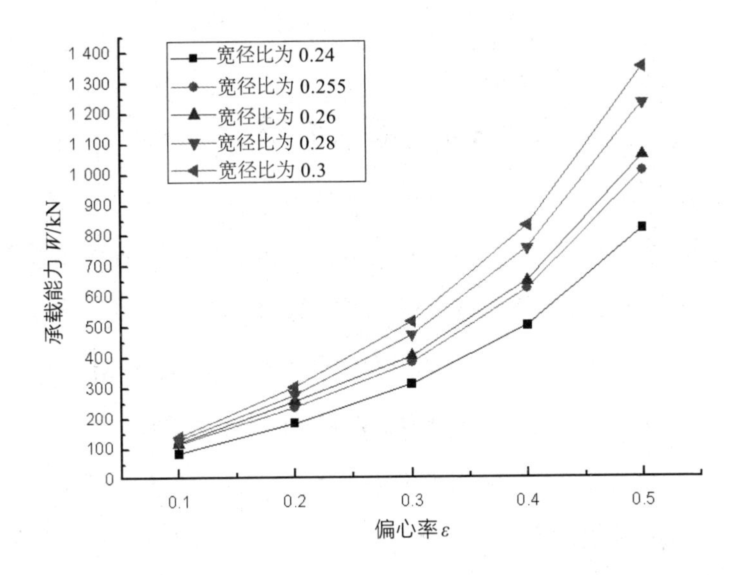

图 5-11　宽径比为 0.24 ～ 0.3 时轴承承载力曲线

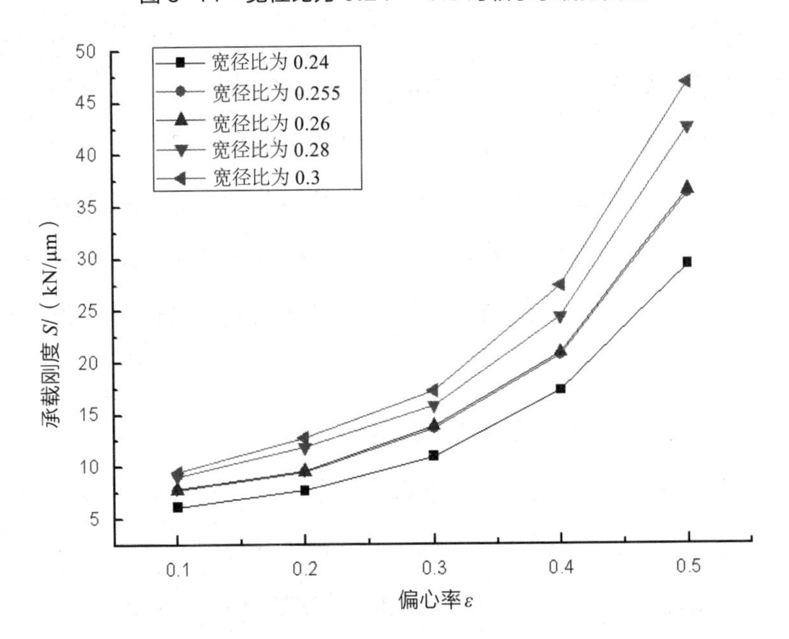

图 5-12　宽径比为 0.24 ～ 0.3 时轴承承载刚度曲线

5.4 本章小结

本章应用基于有限体积法的流体仿真软件FLUENT对大重型数控转台SKZT2000的静压推力轴承和静压径向轴承的承载能力进行了仿真研究，计算了不同因素下这两种类型静压支承承载能力和刚度的数值，并分别给出了油膜平均厚度、偏心率、供油速度和宽径比对推力轴承和径向轴承承载能力的影响规律。

静压推力轴承对各参数的影响规律如下：

（1）随着偏移率的增大，静压推力轴承承载力呈现不断增大的趋势，静压推力轴承承载力的增值却是先增大后减小，其中峰值出现在 $\varepsilon=0$。

（2）随着节流孔径的增大，进油液阻减小，推力轴承承载力呈增大趋势，推力轴承承载力的增值 ΔW 却是先增大后减小，其中峰值出现在节流孔径 d=2.0 mm。

（3）在节流器长度一定时，随着偏心率的增大，轴承的承载力呈增大趋势；相反，在偏心率一定时，随着节流器长度的增加，进油液阻增大，轴承承载力呈减小趋势。

（4）在进油压力一定时，随着偏心率的增大，静压推力轴承承载力和承载力增值 ΔW 都是呈增大趋势；在偏心率一定时，随着进油压力增大，其承载力也是呈增大趋势。

静压径向轴承对各参数的影响规律如下：

（1）随着油膜厚度的增大，液体静压径向轴承的承载力和刚度都呈现减小的趋势，且其减小的幅度呈现递减的趋势。

（2）当偏心率增大时，承载能力与承载刚度都呈现增大的趋势。

（3）随着进油速度的增大，静压径向轴承的承载能力和油膜刚度近似成比例地增加。

（4）随着静压径向轴承宽径比的增加，其承载能力和油膜承载刚度呈现逐渐增大的趋势。

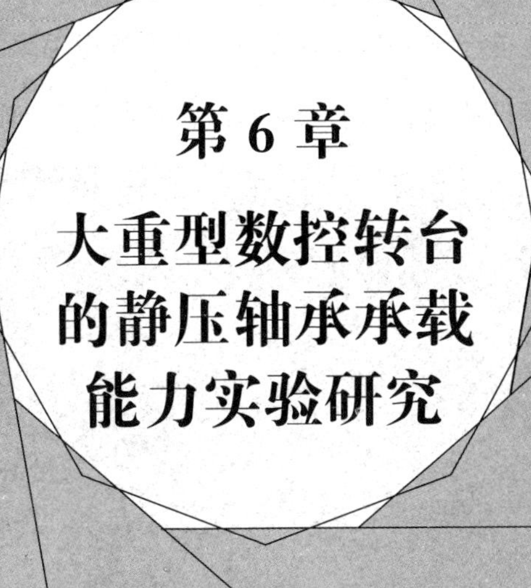

第 6 章 大重型数控转台的静压轴承承载能力实验研究

6.1　引言

在前面研究定压供油静压推力轴承和定量供油静压径向轴承的承载能力的基础上，设计并制造了大重型数控转台 SKZT2000 新产品，如图 6-1 所示。本章将着重针对大重型数控转台 SKZT2000 实物中两套静压轴承的各自承载能力以及相互影响关系做进一步的研究、分析，并为以后的改进工作提供参考依据。

图 6-1　大重型数控转台

6.2　大重型数控转台的定压供油式静压推力轴承实验

6.2.1　实验内容

实验目的：研究在不同轴向外载荷条件下，定压供油式静压推力轴承油腔压力、推力轴承油膜厚度与驱动电机电流之间的关系；研究在不同供油压力下，定压供油式静压推力轴承油腔压力、推力轴承油膜厚度与驱动电机电流之间的关系。

实验器材：千分表、水平仪、塞尺。

实验步骤：

（1）调整数控转台的支脚，使用水平仪校准其是否水平。

（2）在数控转台台面上画线，在指定位置用蘸有酒精的干净棉纱进行擦拭，然后在台面画线处安装千分表。

（3）在空载条件下，打开液压泵给径向轴承和推力轴承供油，调节千分表初始数据。

（4）转动减压阀手轮，调整推力轴承供油压力，记录压力计数据（推力轴承供油压力以及油腔压力）、千分表显示的数据（平均油膜厚度）。

（5）开启驱动电机开关，并将电机转速设定为 100 r/min，记录驱动电机的电流数值大小（表 6–1）。

（6）调整静压推力轴承轴向外载荷，并重复步骤（4）、（5）。

（7）依次关闭推力轴承回路和径向轴承回路压力油泵。

表6-1　不同供油压力、轴向载荷下的油膜厚度的测量结果

序　号	推力轴承供油压力 P_s /MPa	推力轴承油腔压力 P_r /MPa	浮起量（A 点）	浮起量（B 点）	浮起量（C 点）	平均油膜厚度 h/mm	偏心率	电流 /A	备　注
1	0.26	0.2	0.01	0.07	0.04	0.04	0.27	3.5 ~ 4.7	空载
2	0.4	0.25	0.02	0.09	0.04	0.05	0	3.3 ~ 4.1	空载
3	0.83	0.3	0.03	0.13	0.055	0.072	–0.31	3.0 ~ 3.7	空载
4	1.3	0.4	0.04	0.145	0.05	0.078	–0.42	3.2 ~ 3.9	空载
5	1.66	0.45	0.05	0.15	0.05	0.083	–0.51	3.0 ~ 3.7	空载
6	0.4	0.29	0.02	0.08	0.04	0.047	0.15	4.9 ~ 6.3	3 t
7	0.4	0.32	0.02	0.08	0.03	0.040	0.27	5.3 ~ 7.8	5 t
8	0.4	0.36	0.02	0.03	0.03	0.027	0.51	6.2 ~ 8.4	8 t
9	0.4	0.38	0.01	0.01	0.015	0.012	0.78	9.5 ~ 11	10 t
10	0.47	0.45	0.015	0.025	0.025	0.022	0.6	8.1 ~ 9.3	10 t
11	0.54	0.5	0.015	0.03	0.03	0.025	0.55	6.9 ~ 7.8	10 t
12	0.61	0.55	0.02	0.032	0.032	0.028	0.49	6.2 ~ 6.6	10 t

注：空载指仅运动件（花盘、蜗轮毂和蜗轮总重约 15 t）作用于机床床身上。

6.2.2 实验结果及分析

（1）在不同供油压力下，记录定压供油式静压推力轴承油腔压力与油膜厚度的变化规律。

由表 6-1 和图 6-2 可以看出，静压推力轴承的油膜厚度随推力轴承油腔压力 P_r 的增大而增大，随外载荷 W 的增大而呈现减小的趋势，驱动电机电流随推力轴承油膜厚度的增大而减小。

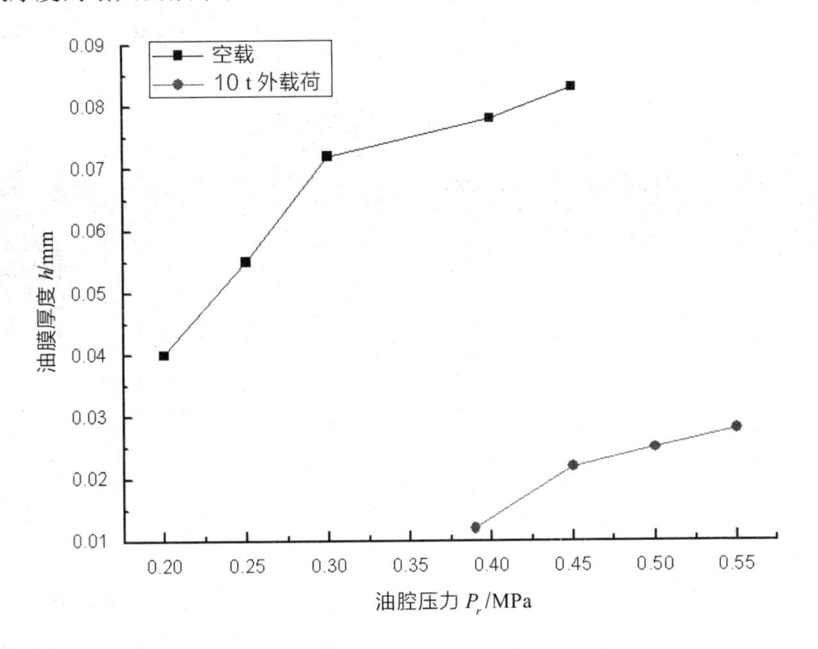

图 6-2　油腔压力为 0.2 ~ 0.55 下的油膜厚度

（2）在不同外载荷下，记录定压供油式静压推力轴承承载力与偏心率的变化规律。

为了进一步验证实验仿真结果的正确性，计算并模拟在供油压力 0.4 Mpa 的情况下，静压推力轴承的承载力（表 6-2、表 6-3）。然后，将理论计算结果、FLUENT 仿真结果以及实验值绘制于同一图中，如图 6-3 所示。

表6-2　承载力计算结果

序　号	推力轴承供油压力 P_s /MPa	推力轴承油腔压力 P_r /MPa	平均油膜厚度 h/mm	偏心率 ε	承载力 W/kN
1	0.4	0.245	0.05	0	153.3
2	0.4	0.291	0.047	0.15	181.9
3	0.4	0.33	0.04	0.27	205.6
4	0.4	0.369	0.027	0.51	230.55
5	0.4	0.392	0.012	0.78	248.2

表6-3　承载力数值模拟结果

序　号	推力轴承供油压力 P_s /MPa	推力轴承油腔压力 P_r /MPa	平均油膜厚度 h/mm	偏心率 ε	承载力 W/kN
1	0.4	0.252	0.05	0	158.2
2	0.4	0.29	0.047	0.15	181.65
3	0.4	0.32	0.04	0.27	200.10
4	0.4	0.36	0.027	0.51	228.72
5	0.4	0.39	0.012	0.78	249.8

从图 6-3 以及表中数据可以看出，随着偏心率（油膜厚度）的增大，静压推力轴承的承载力不断增大。图中 FLUENT 模拟数值与实验数值、理论数值与实验数值误差稳定在 6% 以内，这较好地验证了理论计算与 FLUENT 模拟数值的正确性。

三者误差的主要来源有两方面：数学模型是理想化的（如承载面是理想光滑曲面），尽管数学模型中已经考虑了很多因素，但是一些因素因为影响小而被忽略了；实验仪器误差以及人为操作误差（如由于花盘形状误差和负载加载不均匀，随着载荷的增大，花盘不能够均匀浮起）都会造成实验数值的不稳定。

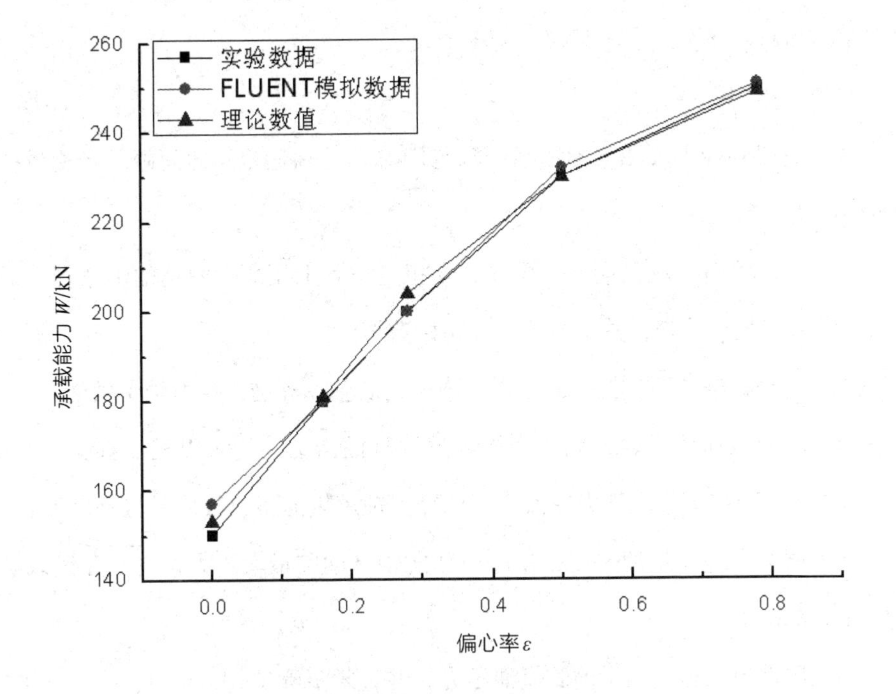

图 6-3　静压推力轴承三种方法承载力结果比较

6.3　大重型数控转台的定量供油式静压径向轴承实验

本数控转台是径向轴承通过多头泵将恒定流量的液压油液挤入 8 个均压油腔中，使其能够正常工作。但由于在多头泵体内有进油和出油两个单向阀，这使泵体内压力必须始终大于径向轴承 8 个油腔中压力最大的一个，否则多头泵就会停止工作。

6.3.1　实验内容

实验目的：研究在多头泵正常工作 d 前提下，定量供油式静压径向轴承承载力与承载刚度随偏心率的变化关系。

实验器材：千分表、水平仪、游标卡尺。

实验步骤：

（1）应用游标卡尺测量静压径向轴承的芯轴与轴瓦之间的间隙。经测量径向轴承间隙为 0.21 mm。

（2）在数控转台花盘端面上画线，在指定位置上用蘸有酒精的干净棉纱进行擦拭，然后安装千分表，并调节千分表初始数据。

（3）在空载条件下，打开液压泵给静压径向轴承和静压推力轴承供油。

（4）转动减压阀手轮，调整径向阻尼油缸的压力，记录阻尼油缸压力数据、静压径向轴承油腔中最大压力数值（或称径向轴承供油压力数值）与千分表数值。

（5）调节多头泵供油速度，使静压径向轴承油腔最大压力不变，并记录千分表数值（表 6-4）。

（6）调整静压径向轴承油腔供油压力，并重复步骤（4）、（5）。

（7）依次关闭推力轴承回路和径向轴承回路压力油泵。

表6-4　不同供油压力、径向载荷下的径向位移的测量结果

序号	静压径向轴承流量 Q/（L/min）	静压径向轴承油腔最大压力 P_s/MPa	径向油缸压力 P/MPa	径向位移变化量 e/mm	偏心率 ε	静压径向轴承刚度 /（kN/μm）	轴向外载荷
1	6.1	0.23	1.0	0.01	0.1	0.65	空载
2	6.1	0.27	1.53	0.015	0.15	0.7	空载
3	6.1	0.34	2.25	0.021	0.21	0.77	空载
4	6.1	0.52	4.0	0.032	0.32	1.03	空载
5	6.1	0.65	5.1	0.037	0.37	1.57	空载
6	6.1	0.74	5.9	0.04	0.4	1.73	空载
7	6.1	9.5	7.1	0.045	0.45	2.2	空载
8	6.1	1.2	9	0.05	0.5	—	空载

6.3.2 实验结果及分析

依据实际测得的油膜厚度对静压径向轴承的承载能力重新进行模拟仿真与理论计算，其结果分别记录于表 6-5 与表 6-6 中。为了便于分析比较，将理论计算结果、FLUENT 模拟仿真结果以及实验数据绘制于同一图中，如图 6-4 和图 6-5 所示。

表6-5 理论计算结果

序　号	静压径向轴承流量 Q/（L/min）	径向位移变化量 e/mm	偏心率 ε	径向承载力 W/kN	径向承载刚度 S/（kN/μm）
1	6.1	0.01	0.1	6.52	0.652
2	6.1	0.015	0.15	10.1	0.716
3	6.1	0.021	0.21	14.83	0.78
4	6.1	0.032	0.32	26.07	1.03
5	6.1	0.037	0.37	34.53	1.4
6	6.1	0.04	0.4	38.82	1.69
7	6.1	0.045	0.45	47.28	2.23
8	6.1	0.05	0.5	58.45	—

表6-6 数值模拟结果

序　号	静压径向轴承流量 Q/（L/min）	径向位移变化量 e/mm	偏心率 ε	径向承载力 W/kN	径向承载刚度 S/（kN/μm）
1	6.1	0.01	0.1	6.40	0.64
2	6.1	0.015	0.15	9.93	0.71
3	6.1	0.021	0.21	14.75	0.803
4	6.1	0.032	0.32	25.96	1.01
5	6.1	0.037	0.37	35.49	1.41

续 表

序　号	静压径向轴承流量 Q/（L/min）	径向位移变化量 e/mm	偏心率 ε	径向承载力 W/kN	径向承载刚度 S/（kN/μm）
6	6.1	0.04	0.4	39.41	1.58
7	6.1	0.045	0.45	47.33	2.29
8	6.1	0.05	0.5	58.82	—

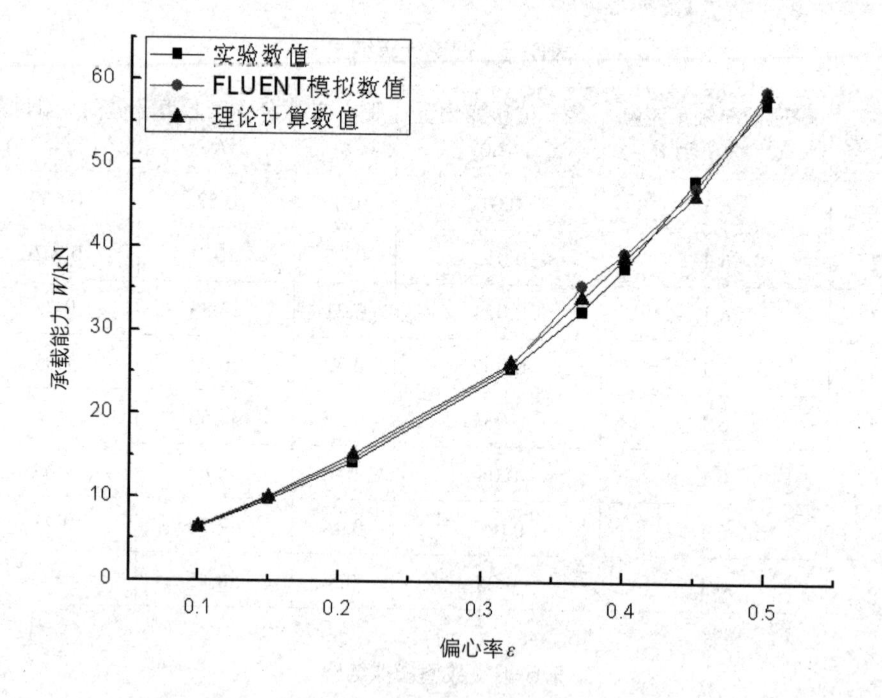

图 6-4　静压径向轴承三种方法承载力结果比较

从图 6-4、图 6-5 和表 6-4、表 6-5 可以看出，随着径向油缸推力增大，静压径向轴承的径向位移与刚度都呈现增大趋势；FLUENT 模拟数值与实验数值的误差、理论数值与实验数值的误差均稳定在 13% 以内，这较好地验证了理论计算与 FLUENT 模拟数值的正确性。

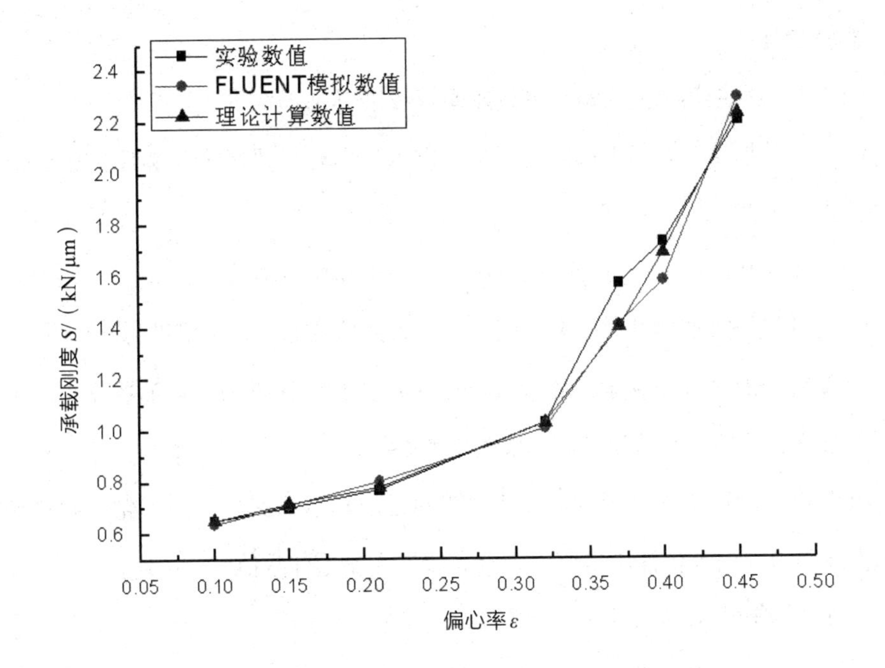

图 6-5　静压径向轴承三种方法承载刚度结果比较

三者误差的主要来源有两方面：数学模型是理想化的（如承载面是理想光滑曲面），尽管数学模型中已经考虑了很多因素，但是很多因素因为影响小而被忽略了；实验仪器误差以及人为操作误差（如在加载径向载荷时，由于加载的方向不能完全顶到运动部件的重心，这使运动部件出现了一定的扭转现象）都会造成实验数值不稳定。

6.4　静压推力轴承与静压径向轴承综合性能实验

6.4.1　实验内容

实验目的：综合分析静压推力轴承油腔压力、静压径向轴承供油压力（8 个油腔中的最大压力）、推力轴承油膜厚度以及油泵流量之间的关系。

实验器材：千分表、水平仪、游标卡尺、塞尺。

实验步骤：

（1）调整数控转台的支脚，使用水平仪校准其是否水平。

（2）在数控转台台面上画线，在指定位置上用蘸有酒精的干净棉纱进行擦拭，然后安装千分表。

（3）在空载条件下，打开液压泵给径向轴承和推力轴承供油。

（4）设定径向轴承供油压力，调节千分表初始数据（初始值设为0）。

（5）转动静压推力轴承回路减压阀手轮，调整静压推力轴承油腔压力，记录其压力数值、千分表数据和流量计数值（表6-7）。

（6）设定静压推力轴承油腔压力，转动径向轴承回路减压阀手轮，调整径向轴承供油压力，记录供油压力值、千分表数据和流量计数值。

（7）调整轴向载荷，并重复步骤（4）、（5）、（6）。

（8）依次关闭静压推力轴承回路和径向轴承回路压力油泵。

表6-7　不同供油压力、轴向载荷下油膜厚度的测量结果

序　号	静压径向轴承供油压力/MPa	推力轴承油腔压力/MPa	流量/（L/min）	浮起量/mm			均浮起量/mm	备　注
				A	*B*	*C*		
1	0.8	0.25	5.9	0.008	0.035	0.01	0.018	空载
2	0.8	0.3	6.4	0.01	0.045	0.01	0.022	空载
3	0.8	0.4	9.6	0.03	0.12	0.005	0.052	空载
4	0.8	0.5	11.1	0.03	0.13	0.005	0.055	空载
5	1.0	0.25	7.4	0.005	0.03	0.012	0.016	空载
6	1.2	0.25	10.4	0.005	0.03	0.005	0.013	空载
7	0.8	0.4	6.8	0.01	0.005	0.02	0.012	25 t
8	0.8	0.5	8.6	0.014	0.015	0.032	0.02	25 t
9	0.8	0.55	9.2	0.015	0.016	0.039	0.023	25 t
10	0.6	0.45	6.7	0.013	0.015	0.03	0.019	25 t

续 表

序 号	静压径向轴承供油压力/MPa	推力轴承油腔压力/MPa	流量/（L/min）	浮起量/mm			均浮起量/mm	备 注
				A	*B*	*C*		
11	0.8	0.45	8.4	0.013	0.015	0.03	0.019	25 t
12	1.0	0.45	10.0	0.013	0.015	0.03	0.019	25 t

注：所测流量为数控转台主出油口的流量。

6.4.2 实验结果与分析

从表 6-7 中实验数据的变化趋势可得出如下结论：

（1）在静压径向轴承供油压力及静压推力轴承油腔压力不变的情况下，随着外载荷的加大，流量呈现减小的趋势。

（2）静压径向轴承供油压力一定，空载且推力轴承油腔压力在一定范围内增大时，流量增量有变大的趋势，而在加载 25 t 时，基本保持线性变化关系。

（3）静压推力轴承油腔压力一定，空载且径向轴承供油压力在一定范围内增大时，流量增量有变大的趋势，而在加载 25 t 时，流量增量有减小的趋势；

（4）外载荷加重时，静压径向轴承供油压力对静压推力轴承浮起量有一定的稳定作用，且呈上升趋势。

6.5 本章小结

本章在 SKZT2000 大重型数控转台上，分别对定压供油静压推力轴承和定量供油静压径向轴承中的一些关键技术参数进行了测试，并对实验结果依次进行了分析，得出在不同工作参数下静压轴承承载能力的变化规律，验证了理论计算以及仿真分析的正确性。最后，通过静压径向轴承与静压推力轴承综合承载能力实验进一步探寻了两者之间的相互影响。

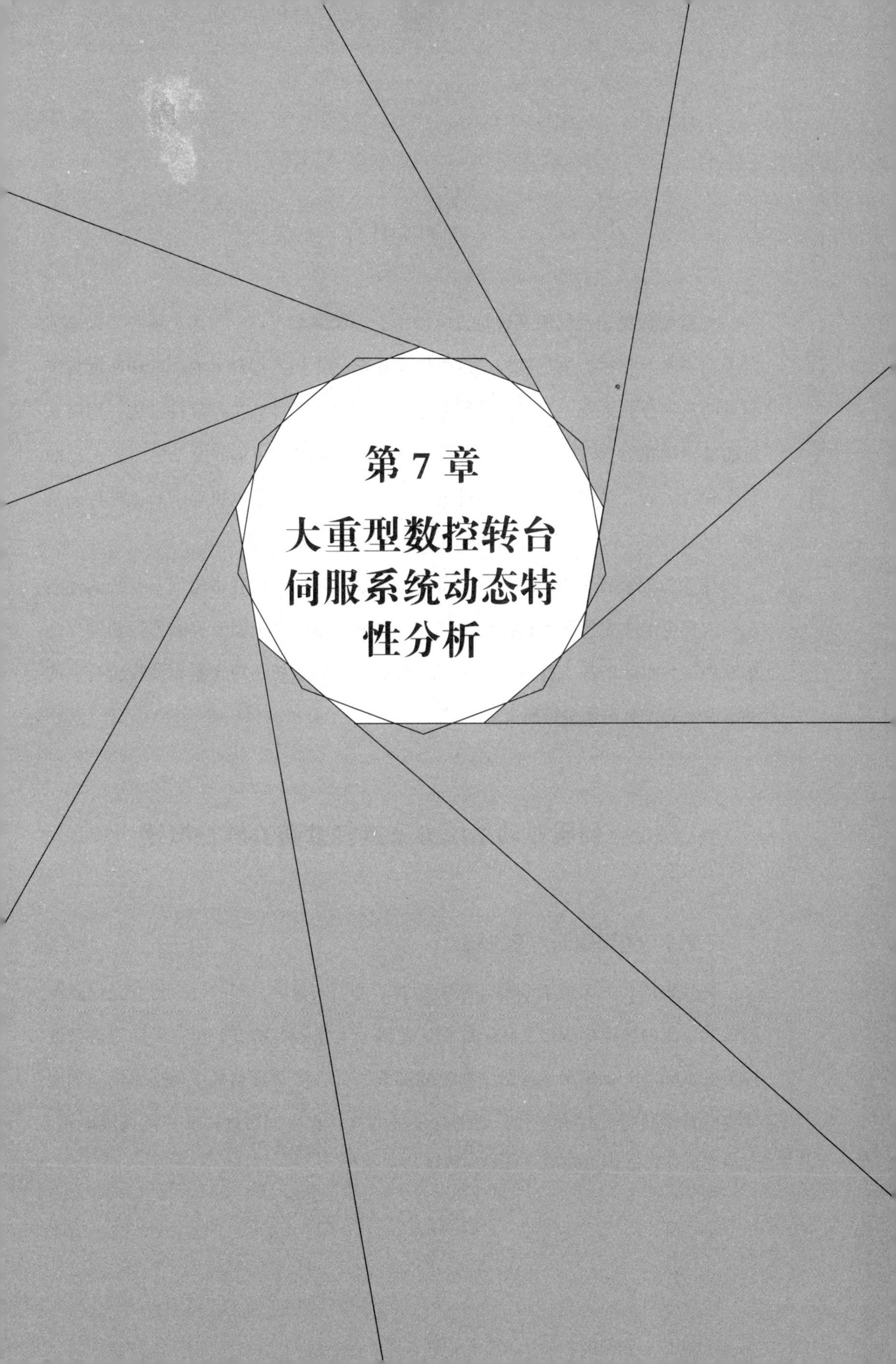

第7章 大重型数控转台伺服系统动态特性分析

7.1 引言

大重型数控转台伺服系统是以电动机为控制对象、以控制器为核心、以电力电子功率变换装置为执行机构、以机床运动部件（如工作台）的位置和速度为控制量的自动控制系统，一般由控制电路、电器驱动部件和执行部件组成。伺服系统能准确地执行 NC 装置发出的位置和速度指令信号，由伺服驱动电路做一定的转换和放大后，经伺服电机（步进电机、交流或直流伺服电机等）和机械传动机构，驱动机床工作台等运动部件实现工作进给以及位置控制。

作为数控装置和机床机械传动部件间的联系环节，回转进给伺服系统的性能在很大程度上决定了数控机床的性能。特别是进给传动方案及控制方案的好坏会影响到一台机床的加工性能。本章以回转进给伺服系统（即大重型数控转台）的动态性能为研究对象进行研究。

7.2 伺服驱动系统方案选择及仿真软件概述

7.2.1 伺服驱动方案选择

高性能的伺服系统为高速、高精度加工提供了保障，同时要求执行元件具有高精度、高的快速响应性、较宽的调速范围、大扭矩等特点。执行元件将信号转换为机械运动，是伺服系统的重要组成部分，其性能会影响机床加工质量。伺服系统的常用执行元件有三种，分别是步进电机、直流伺服电机和交流伺服电机。应根据设计精度要求和成本选择合适的执行元件。

按有无控制测量反馈环节，伺服系统可分为开环和闭环两大类。按测量元件是安装在转台上或电动机轴上检测角位移还是安装在工作台上检测直线位移，伺服系统又分为半闭环和全闭环系统。

（1）步进电机驱动的开环伺服系统。图 7–1 是开环控制系统原理图，开环控制系统主要由驱动控制环节（环形分配器与加减速电路）、执行元件（步进电机）和机床工作台三部分组成。由数控系统送出的进给指令脉冲经驱动电路控制和功率放大后，使步进电机转动，通过齿轮副与蜗轮蜗杆副驱动执行部件。只要控制指令脉冲的数量、频率以及通电顺序，便可控制执行部件运动的位移量、速度和运动方向。这种系统不需要将所测得的实际位置和速度反馈到输入端，故称之为开环系统。该系统的位移精度主要取决于步进电机的角位移精度以及齿轮、蜗轮蜗杆等传动元件的精度，所以系统的位移精度相对较低。但该系统结构简单，调试维修方便，工作可靠，成本低，一般用于经济型数控转台。

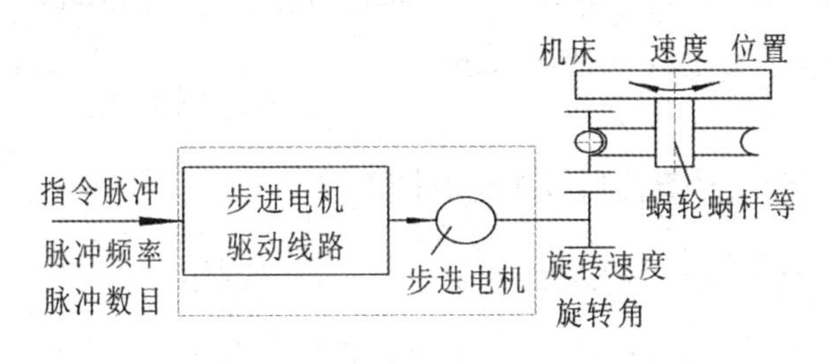

图 7–1　开环控制系统原理图

（2）交 / 直流伺服电机驱动、光栅测量反馈的全闭环伺服系统。图 7–2 是闭环控制系统原理图，该系统与开环系统的区别是，由光栅、感应同步器等位置检测装置测得的实际位置反馈信号随时与给定值进行比较，将两者的差值放大和变换，驱动执行机构以给定的速度向着消除偏差的方向运动，直到给定位置与反馈的实际位置的差值等于零为止。闭环进给系统在结构上比开环进给系统复杂，成本也高，调试比开环系统难，但是可以获得比开环进给系统更高的精度、更快的速度、更大的驱动功率。

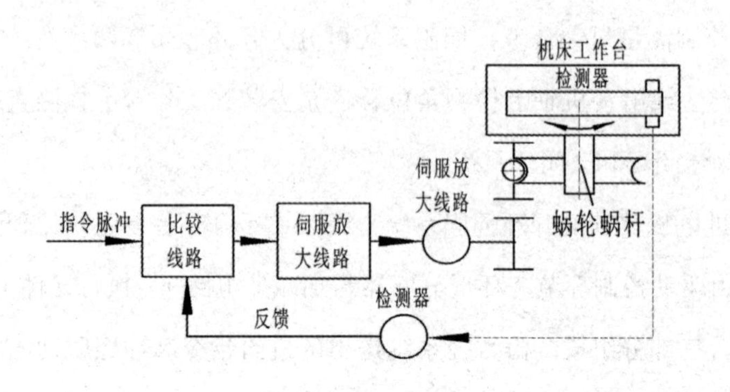

图 7-2 闭环控制系统原理图

（3）交 / 直流伺服电机驱动、编码器反馈的半闭环伺服系统。半闭环系统检测元件安装在中间传动件上，间接测量执行部件的位置。它只能补偿系统环路内部分元件的误差。因此，它的精度比全闭环系统的精度低，但是它的结构与调试都较全闭环系统简单。在将角位移检测元件与速度检测元件和伺服电机做成一个整体时，无须考虑位置检测装置的安装问题。半闭环控制系统的精度能满足大多数数控机床的要求，且系统简单，易调整。

7.2.2 交流伺服电机的选择与计算

直流伺服电机的转速不受电源频率限制，可以制作出高速电机，速度控制只要控制电压，就可以满足进给速度要求比较高的数控转台。但直流电机存在一些固有的缺点，如电刷和换向器易磨损，需要经常维护。

与直流伺服电机相比，交流伺服电动机以坚固耐用、经济可靠及动态响应性能好等优点被越来越广泛地应用于数控机床的进给系统。在日本、美国、以及欧洲国家形成了一个生产交流伺服电动机的新兴产业。在德国 1988 年生产的机床进给驱动中，交流伺服电动机驱动已占 80%。日本 1985 年销售的交流与直流电动机驱动系统之比为 3 ： 1。在 70% 以上的数控机床中，机床进给驱动的执行元件都选择交流伺服电机。交流永磁同步电机因具有体积小、重量轻、运行可靠、调速范围宽、动静态特性好等优点，正在逐步取代直流电机、步进电机，被广泛应用于各种伺服系统。

伺服电机是根据负载条件选取的。加在电机轴上的负载主要有负载转矩和负载惯量两种，其中负载转矩包括切削转矩和摩擦转矩。负载转矩应小于所选电机的额定转矩，负载转矩与加速转矩之和应等于所选电机的最大转矩。加速转矩应考虑负载惯量和电动机惯量的匹配，还应注意连续过载时间应在所选电机的允许范围内，负载快速运动时所需的电机转速应在电机的最高转速之内。

1. 额定转速 n_N 的选择

$$n_N = v_{\max}/i \tag{7-1}$$

式中：$v_{\max}$——工作台最大进给速度；

i——传动比。

取额定转速 $n_N \geqslant n_{\max}$。

2. 折算到电机轴上的转动惯量 J_z 的选择

（1）负载惯量的计算。在工程中，用飞轮转矩 GD_z^2 代替转动惯量进行计算。

$$GD_z^2 = \delta \cdot GD_M^2 + GD_L^2 \cdot i^2 \tag{7-2}$$

式中：GD_z^2——折算到电动机轴上的总飞轮转矩（N·m²）；

GD_M^2——电动机上的飞轮转矩；

GD_L^2——实际负载飞轮转矩；

δ——δ=1.1～1.25（中间传动轴越多，值越大）。

由飞轮转矩和转动惯量的关系

$$J_z = \frac{GD_z^2}{4g} \tag{7-3}$$

式中：J_z——转动惯量（kg·m²）；

g——重力加速度（9.8 m/s²）。

（2）额定负载惯量的选择。

$$J_N \geqslant J_z \text{，且} J_z = \frac{GD_z^2}{4g} \tag{7-4}$$

式中：GD_N——额定飞轮转矩，$GD_N^2 = 4gJ_N$。

（3）额定转矩 M_N 的选择。

$$M_N \geqslant M_L = \frac{F\Delta r}{2\pi\eta\times10^3} = \frac{\left(F_X + \mu W\right)\Delta r}{2\pi\eta\times10^3} \tag{7-5}$$

式中：F_X——工作台的切向运动力（N）；

W——工作台重量（N）；

μ——摩擦因素；

Δr——电动机每转线位移量，$\Delta r=B/i$；

η——传动效率。

取额定转矩 $M_N \geqslant 2M_L$。

伺服电机的选择原则为额定转速 $n_N \geqslant n_{max}$、额定负载惯量 $J_N \geqslant J_Z$、额定转矩 $M_N \geqslant 2M_L$。

据此可知，本设计所选择的电机型号为西门子 1FT6108-8AF71-1AG0，额定工况下其转速为 3 000 r/min。

7.2.3 Matlab/Simulink/SimPowerSystems 动力学仿真概述

Matlab 是美国 MatWorks 公司自 1984 年开始推出的一种简便的工程计算语言，它是包含一系列称为工具箱的涉及许多领域的应用软件模块。作为 Matlab 的组成部分，Simulink 具有相对独立的功能和使用方法。用 Simulink 仿真的最大优点就是直观方便，直接用鼠标在模型窗口搭建仿真模型，对系统进行仿真后可以通过输出示波器查看、分析仿真的数据结果。Simulink 不仅支持线性系统仿真，还支持非线性系统仿真；不仅支持连续系统仿真，还支持离散系统甚至混合系统仿真；不仅本身功能非常强大，还是一个开放性体系，可以自己开发模块来增强自身的功能。Simulink 的动态仿真能力可以分析、研究控制系统的动态特性。它具有先进的积分算数和分析函数，提供了固定步长、变步长和刚性系统等积分方法，还可以选择仿真参数和仿真的起止时间以及最小、最大步长等。

SimPowerSystems 是 Matlab 的一个工具箱，是在 Simulink 环境下进行电力电子系统建模和仿真的先进工具，是 Simulink 下面的一个专用模块库，包含电气网络中常见的元器件和设备，以直观易用的图形方式对电气系统进行模型描述。模型可与其他 Simulink 模块相连，进行一体化的系统级动态分析。模块库中包含典型电气设备的模型，如变压器、输电线、电机和电力电子器件等。

7.3 交流伺服电机进给系统动态性能分析

7.3.1 交流伺服电机进给系统仿真模型

三相永磁同步伺服电动机（permanent magnet synchronization motor，PMSM）因定位精度高、响应速度快、转动惯量小等特点而被广泛应用于数控机床交流伺服系统。同时，三相永磁同步伺服电动机数学模型也具有多变量、强耦合以及非线性等特点。目前，最为常用的控制策略是矢量控制法。

矢量控制的基本思想就是采用矢量变换的方法将交流电动机的数学模型重构为他励直流电动机，在磁场定向坐标上，通过变换将电流矢量分解成产生磁通的励磁（d 轴）电流分量和产生转矩的转矩（q 轴）电流分量，两电流分量在空间上相互垂直，然后对两者进行解耦处理，就可以实现对电动机励磁磁场和电磁转矩的控制。本书采用 $i_d = 0$ 的电流矢量控制方法，这样励磁电流分量和转矩电流分量就能得到很好的解耦控制。此外，由于转矩轴磁链分量远小于转子永磁体磁链，即 $L_q i_q << \Psi_f$。电枢反应影响可以忽略不计。此时，得到式（7–6）所示的 $d-q$ 坐标系下电机方程。

$$\begin{cases} L_q \dfrac{d}{dt} i_q = u_q - R_s i_q - P_n \omega_e \Psi_f \\ T = \dfrac{3}{2} P_n \Psi_f i_q = K_t i_q \end{cases} \tag{7-6}$$

式中：u_q——q 轴的定子电压分量；

L_q——q 轴的电感分量；

i_q——q 轴的定子电流分量；

ω_e——电机的电气角速度；

P_n——磁极对数；

Ψ_f——转子永磁体磁链，是一个常数；

R_s——定子电阻；

T——电机输出力矩；

K_t——电磁转矩系数。

PMSM 的动力学平衡方程为

$$T = T_L + K_Z \omega_M + J \frac{d}{dt} \omega_M \tag{7-7}$$

式中：T_L——负载力矩；

K_Z——阻尼系数；

ω_M——机械角速度；

J——转动惯量。

对（7–6）与（7–7）式进行拉普拉斯变换，得到 PMSM 三相永磁同步电机的系统控制框图，如图 7–3 所示。

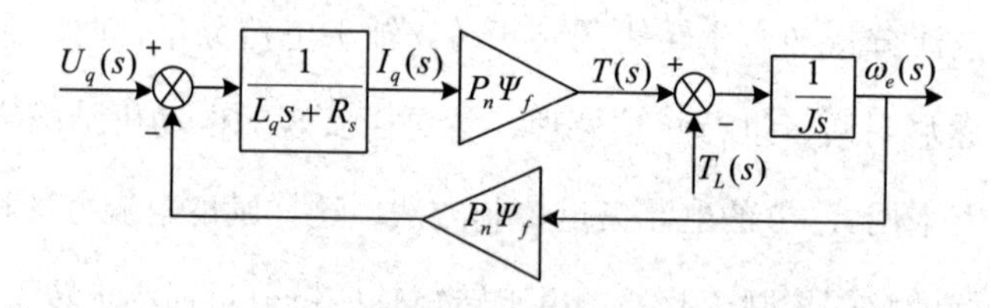

图 7–3　三相永磁同步电机系统控制框图

基于矢量控制的三相永磁同步伺服电机的系统一般是由电流环、速度环和位置环组成，其典型的结构框图如图 7–4 所示。在伺服系统中，位置环是很重要的一环，位置环的主要目标是保证系统静态精度和动态跟踪性能，它直接影响着机械加工的精度。

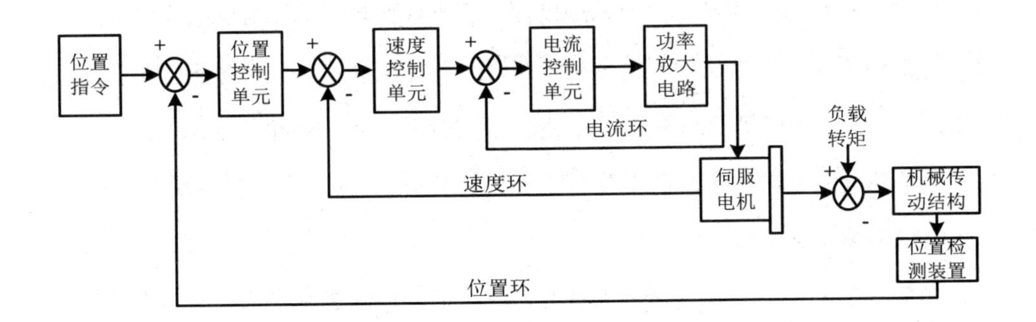

图 7-4　三环控制结构图

7.3.2　自适应模糊 PID 控制器设计

模糊控制技术是近代控制理论中的一种高级策略技术。模糊控制技术基于模糊数学理论，通过模拟人的近似推理和综合决策过程，使控制算法的可控性、适应性和合理性提高，成为智能控制技术的一个重要分支。

模糊控制器的组成结构如图 7-5 所示，它主要由四部分组成：模糊化、知识库、推理机和反模糊化。

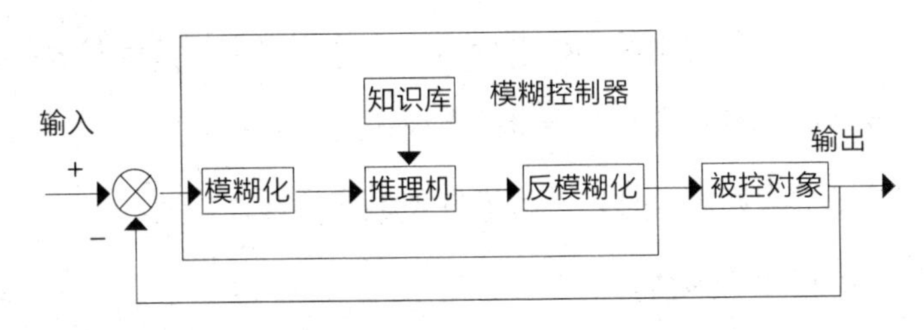

图 7-5　模糊控制器基本结构

模糊化：根据被控对象的变化范围选取一个合适的映射模糊论域，把输入变量和输出变量的精确值转换到模糊论域，变成模糊集合的一个模糊子集。

知识库：知识库中包含具体应用领域中的知识和要求的控制目标，由数据库和模糊语言规则库两部分组成。数据库为语言控制规则的论域离散化和隶属度函数提供必要的定义，语言控制规则标记控制目标和领域专家的控制策略。

推理机：是模糊控制系统的核心内容，它以模糊概念为基础，模糊控制信息可通过模糊蕴含和模糊逻辑的推理规则获得，并可实现拟人决策过程。工作原理是根据模糊输入和模糊控制规则，模糊推理求解模糊关系，从而得到模糊输出。

反模糊化：将模糊推理得到的模糊控制量变换为实际用于控制的清晰量，将输出值用于被控对象的实际控制。

模糊控制器是模糊控制系统的核心，也是模糊控制系统区别于其他自动控制系统的主要标志。实现模糊控制算法的过程描述如下：一般选偏差信号 e 和偏差变化率 e_c 作为模糊控制器的输入量，对它们进行模糊化，使它们变成模糊量。偏差 e 和偏差变化率 e_c 的模糊量可用相应的模糊语言表示，得到偏差 e 和偏差变化率 e_c 模糊语言集合的一个子集 E 和 E_C，再由 E、E_C 和模糊控制规则 R（模糊算子）根据推理的合成规则进行模糊决策，得到模糊控制量 U，再将 U 解模糊，便可得到精确的控制量 u。

因此，模糊控制器的设计大致包括以下几个方面内容：

（1）输入变量和输出变量的确定。

（2）输入、输出变量的论域和模糊分割以及量化因子等控制器参数的选择。

（3）输入变量的模糊化和输出变量的反模糊化。

（4）模糊控制器规则的设计以及模糊推理模型的选择。

（5）模糊控制程序的编制。

结合模糊控制器的特点，本节将传统 PID 控制器与自适应模糊控制相结合形成自适应模糊 PID 控制器，如图 7-6 所示。

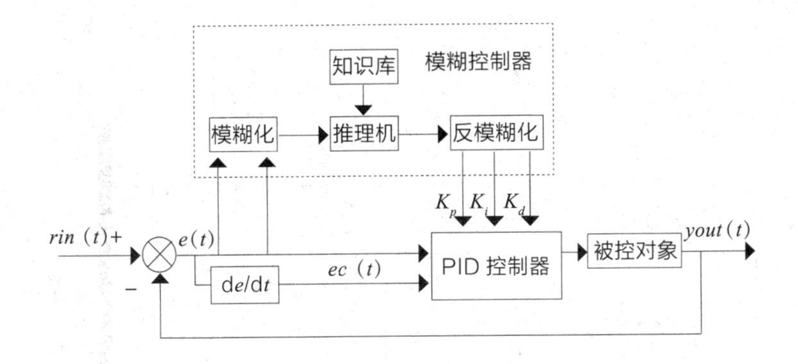

图 7-6　自适应模糊 PID 控制系统原理图

在本控制系统结构中，控制对象的实际输出信号 $yout(t)$ 与系统给定输入信号 $rin(t)$ 构成的控制偏差信号 $e(t)$ 为

$$e(t)=rin(t)-yout(t) \tag{7-8}$$

离散化 PID 位置式控制表达式为

$$u(k)=K_p e(k)+K_i\left[\sum e(k)T\right]+K_d e_c(k) \tag{7-9}$$

式中：K_p——比例系数；

K_i——积分系数；

K_d——微分系数；

T——采样周期；

$e_c(k)$——偏差变化率，$e_c(k)=\left[e(k)-e(k-1)\right]/T$；

k——采样序号，k=1，2，3，…。

7.3.3　动态响应及性能分析

利用 Matlab 提供的模糊逻辑工具箱，可以方便地完成建立和测试模糊推理系统，结合 Simulink 还可以对模糊系统进行模拟仿真。图 7-7 是在 Simulink 环境下搭建的自适应模糊 PID 控制器模型图。

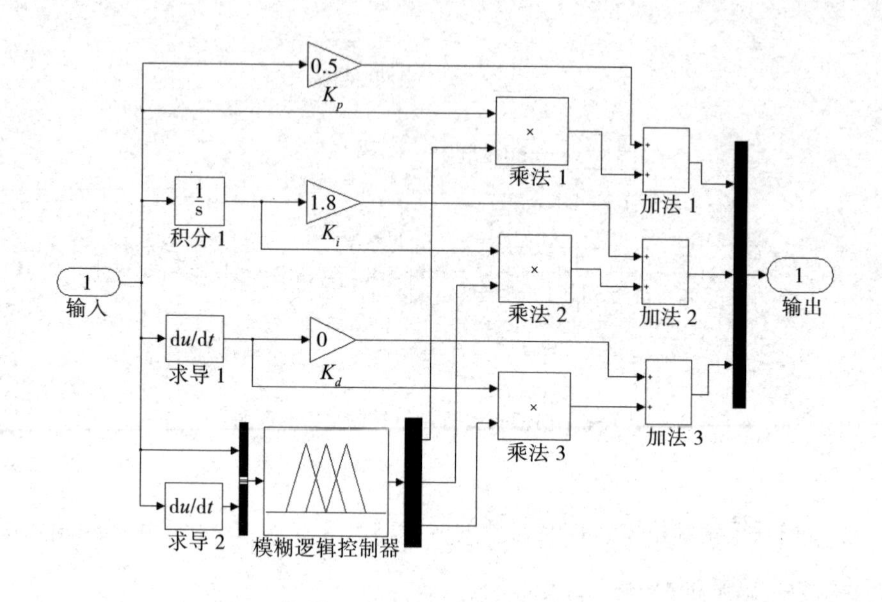

图 7-7　自适应模糊 PID 控制器模型

图中模糊控制器通过对系统输入误差 E 和误差变化量 E_C 的模糊逻辑推理分别输出比例、积分、微分三个参数的实时变化量，从而不断修正系统控制参数，达到最佳的控制效果。K_p、K_i、K_d 分别为比例 P、积分 I 和微分 D 的参数，Produet1、Produet2、Produet3 分别为模糊控制输出的修正变量与比例 P、积分 I 和微分 D 环节的接口。

在模糊控制器中设置偏差 e 和偏差变化率 e_c 及控制量 K_p、K_i、K_d 的论域均为{-6，-5，-4，-3，-2，-1，0，1，2，3，4，5，6}，模糊集均为{*NB*，*NM*，*NS*，*ZO*，*PS*，*PM*，*PB*}。其中，上面出现的模糊语言变量的符号分别代表：*NB* 为负大，*NM* 为负中，*NS* 为负小，*ZO* 为几为零，*PS* 为正小，*PM* 正中，*PB* 正大。

Matlab 提供了多种隶属度函数，本书采用三角形隶属函数，并且所有的隶属函数对称分布，在整个论域范围内，越靠近原点，隶属函数越密集，这样有助于提高稳态精度。规则信度全取 1，并且采用比较简单的推理合成算法 Mamdani 方法，反模糊化方法采用常用的加权平均法。

隶属函数是表征模糊集合的数学工具，其变化范围在 [0，1] 之间。隶属函数曲线形状直接反映模糊集合的分辨率，即隶属函数的形状越陡峭，对系统模糊集的分辨率越高。因此，在模糊集合分辨率较低的时候，选用精度比较低的高斯型隶属函数；在靠近原点分辨率较高的时候，选用精度较高的三角形隶属函数，这样有助于提高系统稳态精度和鲁棒性。

三角形隶属函数表达式为

$$f(x,a,b,c)=\begin{cases}0 & x<a\\ \dfrac{x-a}{b-a} & a\leqslant x<b\\ \dfrac{x-c}{b-c} & b\leqslant x\leqslant c\\ 0 & x>c\end{cases} \tag{7-10}$$

高斯型隶属函数表达式为

$$f(x,\sigma,d)=e^{\frac{-(x-d)^2}{2\sigma^2}} \tag{7-11}$$

对于模糊变量“E”“E_C”“K_p”“K_i”“K_d”，其模糊语言变量 *NM*，*NS*，*ZO*，*PS*，*PM* 采用三角形隶属函数，其对应的参数分别为 [–6，–4，–2][–4，–2，0][–1，0，1][0，2，4][2，4，6]; 对于模糊语言变量 *NB* 和 *PB* 选用高斯型函数，其对应的参数 σ 和 d 分别为 [1，–6][1，6]。各变量隶属度函数如图 7–8 所示。

在模糊控制系统中，模糊控制规则是用模糊语言描述人类的经验和知识，规则是否正确地反映人类专家的经验和知识，是否能够反映对象的特性，直接决定了模糊推理系统的性能，故而模糊控制规则是设计模糊控制器的关键内容之一。根据前人的经验以及 PID 控制器的反复调试，模糊 PID 控制器的控制过程如下：

（1）当偏差 E 较大时，为了加快系统的响应速度，应取较大的 K_p 和较小的 K_d；同时为了防止系统响应出现较大的超调量，产生积分饱和，应对积分作用加以限制，通常取 K_i=0，将积分作用去掉。

（2）当 E 和 E_C 处于中等大小时，为使系统响应具有较小的超调量，K_i 应取得小一些，K_d 和 K_p 的取值要适中。

（3）当 E 较小（接近于设定值）时，为使系统消除稳态误差，避免超调，使系统有良好的稳态性能和抗干扰能力，应增加 K_p 和 K_i 的取值。

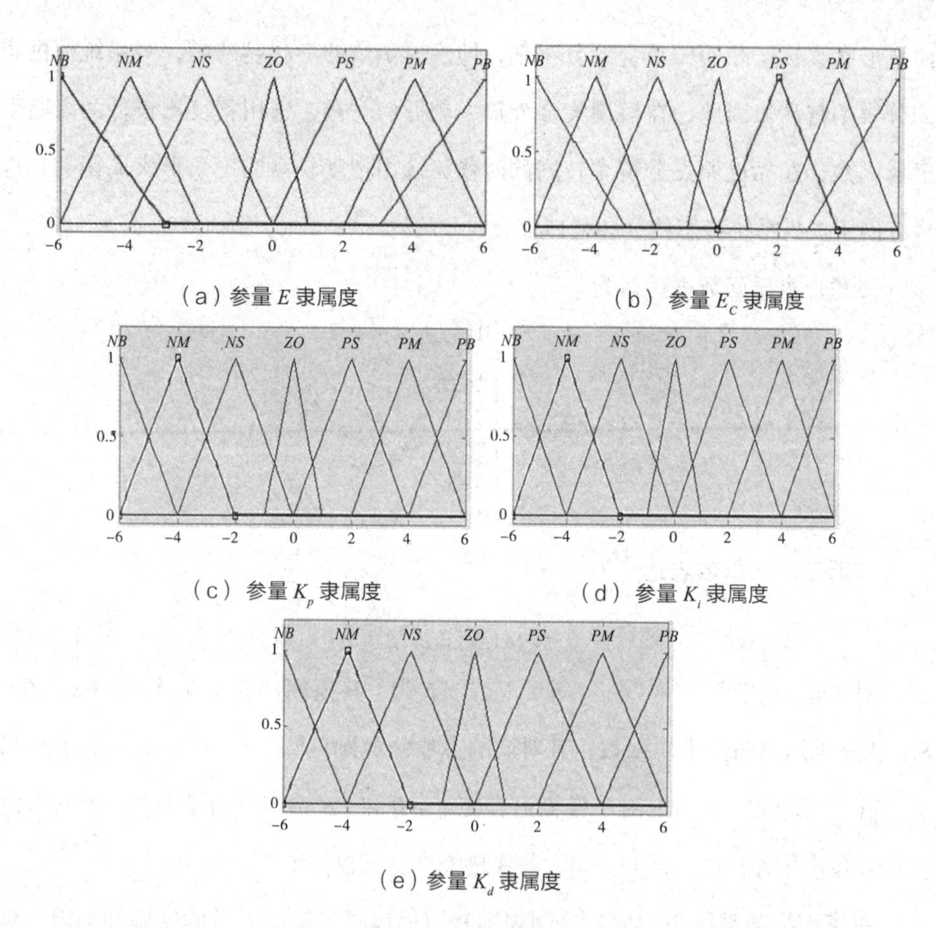

（a）参量 E 隶属度

（b）参量 E_C 隶属度

（c）参量 K_p 隶属度

（d）参量 K_i 隶属度

（e）参量 K_d 隶属度

图 7-8　隶属度函数

（4）偏差变化量 E_C 的大小表明了偏差变化速率。当 E_C 值越大时，K_d 取值应小些；当 E_C 较小时，K_d 取值应大些，通常 K_d 取中等大小。

根据以上控制规律，可以采用模糊推理的方法设计参数自调整的模糊 PID 控制器，系统参数的控制规则如表 7-1 至表 7-3 所示。

表7-1　K_p的模糊控制规则表

E \ E_C	*NB*	*NM*	*NS*	*ZO*	*PS*	*PM*	*PB*
NB	*PB*	*PB*	*PM*	*PM*	*PS*	*ZO*	*ZO*
NM	*PB*	*PB*	*PM*	*PS*	*PS*	*ZO*	*NS*
NS	*PM*	*PM*	*PM*	*PS*	*ZO*	*NS*	*NS*
ZO	*PM*	*PM*	*PS*	*ZO*	*NS*	*NM*	*NM*
PS	*PS*	*PS*	*ZO*	*NS*	*NS*	*NM*	*NB*
PM	*PS*	*ZO*	*NS*	*NM*	*NM*	*NM*	*NB*
PB	*ZO*	*ZO*	*NM*	*NM*	*NM*	*NB*	*NB*

表7-2　K_i的模糊控制规则表

E \ E_C	*NB*	*NM*	*NS*	*ZO*	*PS*	*PM*	*PB*
NB	*NB*	*NB*	*NM*	*NM*	*NS*	*ZO*	*ZO*
NM	*NB*	*NB*	*NM*	*NS*	*NS*	*ZO*	*ZO*
NS	*NM*	*NM*	*NS*	*NS*	*ZO*	*PS*	*PS*
ZO	*NM*	*NM*	*NS*	*ZO*	*PS*	*PM*	*PM*
PS	*NM*	*NS*	*ZO*	*PS*	*PS*	*NM*	*PM*
PM	*ZO*	*ZO*	*PS*	*PM*	*PM*	*PB*	*PB*
PB	*ZO*	*ZO*	*PS*	*PM*	*PM*	*PB*	*PB*

表7-3　K_d的模糊控制规则表

E \ E_C	*NB*	*NM*	*NS*	*ZO*	*PS*	*PM*	*PB*
NB	*PS*	*NS*	*NB*	*NB*	*NB*	*NM*	*PS*
NM	*PS*	*NS*	*NB*	*NM*	*NM*	*NS*	*ZO*
NS	*NS*	*NS*	*NM*	*NM*	*NM*	*NS*	*ZO*

续 表

E \ E_C	NB	NM	NS	ZO	PS	PM	PB
ZO	ZO	NS	NS	NS	NS	NS	PS
PS	ZO	ZO	ZO	ZO	ZO	ZO	PS
PM	PB	NS	PS	PS	PS	PS	PB
PB	PB	PM	PM	PM	PS	PS	PB

通过曲面观察器窗口可以看到模糊控制器的输入与输出关系曲面。图 7-9 为设计的模糊控制器参数的输出曲面。

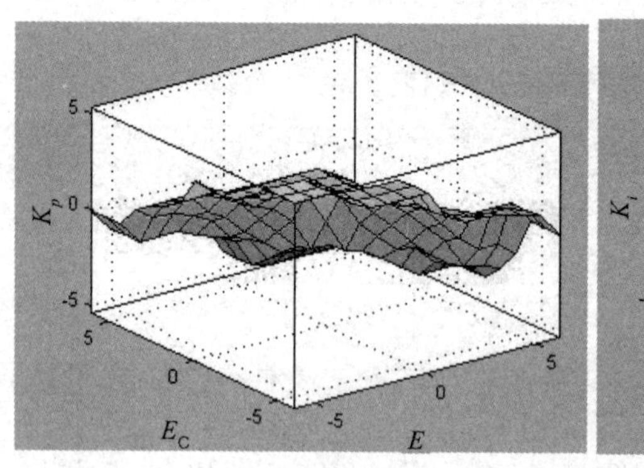

（a）“K_p”与输出关系曲面

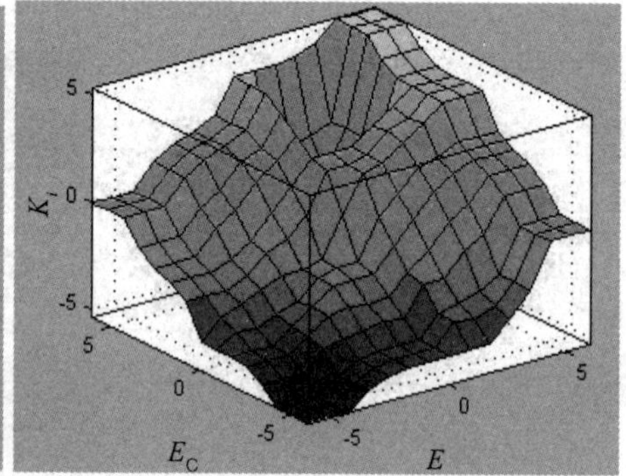

（b）“K_i”与输出关系曲面

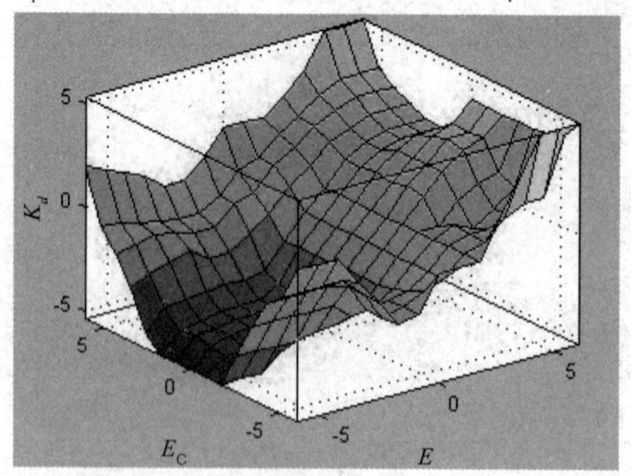

（c）“K_d”与输出关系曲面

图 7-9 输入输出关系曲面

在 Matlab/Simulink 环境中，应用设计出的自适应模糊 PID 控制器对交流进给伺服系统进行仿真研究。系统总的仿真时间仍设定为 0.06 s。在 t=0 时，负载 T=3 N · m 起动，在 t=0.04 s 时，负载变为 T=1.5 N · m。得到转速响应曲线、三相定子电流响应曲线和转矩响应曲线如图 7-10 所示。

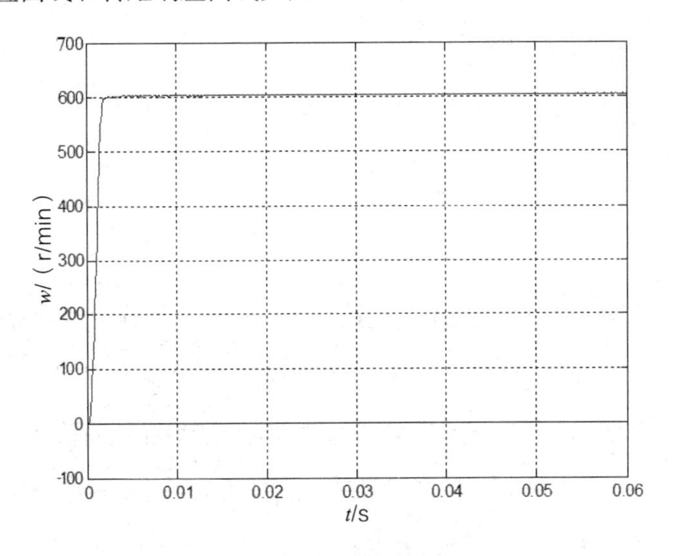

（a）转速响应曲线

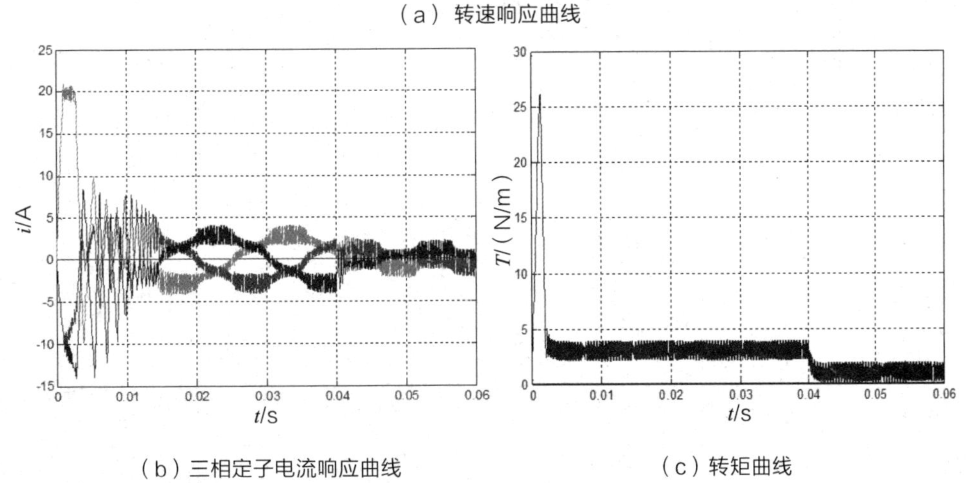

（b）三相定子电流响应曲线　　　（c）转矩曲线

图 7-10　模糊控制仿真结果

从转速响应曲线可以看出，伺服系统仅经过 2 ms 的调节，速度就达到稳定值，整个启动过程平稳，无超调、振荡过程，并且在负载转矩波动时，速度几乎不受影响，保持稳定；三相定子电流曲线的峰值波动范围减小到 -15~+21 A，随后达到稳定值；在转矩响应曲线中，起动时刻的电磁转矩峰值范围为 0~+27 N·m，启动结束后很快稳定在 3 N·m 附近，并且在负载转矩突变为 1.5 N·m 时，电磁转矩几乎不经过振荡很快稳定在设定值 1.5 N·m 附近。系统稳定运行，具有很好的静态和动态特性，能够满足高性能伺服系统的要求。

7.4 本章小结

针对大重型数控转台的伺服系统运动的机电耦合特性，本章提出了一种基于模糊算法和 PID 控制相结合的自适应 FUZZY-PID 控制策略。从仿真分析可以看出，自适应模糊 PID 控制器具有较高的动态响应能力和控制精度，相比传统的 PID 控制器，自适应模糊 PID 控制器通过在线自整定的方法调整参数，使数控机床的进给伺服系统对外载荷的扰动具有较好适应性。

第8章
结论与展望

本书主要针对国家对“高端大重型数控机床”的应用需求以及传统数控转台设计和调试中存在的一些问题展开研究，主要研究了双导程蜗轮蜗杆副的设计与动力学仿真、定量供油式静压推力轴承和静压径向轴承，提出了一种回形静压油腔结构。之后，利用 FLUENT 软件对两套静压支承系统进行了仿真分析，获得了油膜平均厚度、偏心率、宽径比和供油速度对推力轴承和径向轴承承载能力的影响规律。最后，通过“大重型数控转台的静压轴承承载能力实验研究”验证了前述仿真分析与理论计算的正确性。

8.1　本书主要工作和得出的主要结论

（1）对数控转台应用需要及传动链进行分析，确定了电机与转台之间的转速关系及各级传动比。之后，对双导程蜗轮蜗杆副进行设计，并应用 ADAMS 软件进行运动学和动力学仿真分析。结果显示，仿真的结果与理论的结果具有较好的一致性。

（2）本书运用计算流体力学和润滑理论，推导出了圆环形油腔定压供油静压推力轴承和新式回形多油垫定量供油静压径向轴承油膜厚度、油膜承载力、油膜刚度、流量等力学性能的计算公式，探明了大重型数控转台静压支承的润滑机理。

（3）使用具有强大三维造型功能的 Pro/Engineer 软件对静压推力轴承和静压径向轴承的流场计算模型进行建模，然后借助 FLUENT 前处理软件 GAMBIT，通过反复尝试，在综合考虑初始化时间、计算花费、数值耗散等诸多因素的情况下，得出符合要求的网格划分模型。

（4）分别将静压推力轴承和静压径向轴承流场网格模型导入 FLUENT 软件进行迭代计算，其计算结果经处理后得到：静压推力轴承圆环形油膜节流效果的彩色压力分布云图、径向表面压力变化曲线以及承载能力数值和静特性曲线；静压径向轴承油膜节流效果的彩色压力分布云图、径向轴承轴向表面压力变化曲线以及承载能力数值和静特性曲线；通过与理论计算的静态性能特性曲线对比，仿真结果与理论计算结果吻合得比较好。

（5）分析研究静压推力轴承在不同结构参数和不同工作参数下的静态性能变化情况，可得到如下结论：节流器直径 d、节流器长度 L、供油压力 P 和偏心率 ε 四项参数中，在保证其中任意三项参数不变的情况下，第四项参数增大，则推力轴承的承载力 W 增大。

（6）分析研究静压径向轴承在不同结构参数和不同工作参数下的静态性能变化情况，可得到如下结论：当偏心率 ε、供油速度 V 和宽径比一定时，油膜厚度 h 增加，径向轴承承载力 W 减小，刚度 S 随之减小；当油膜厚度 h、供油速度 V 和宽径比一定时，偏心率 ε 增加，径向轴承承载力 W 增大，刚度 S 随之增大；当偏心率 ε、油膜厚度 h 和宽径比一定时，供油速度 V 增加，径向轴承承载力 W 增大，刚度 S 随之增大；当偏心率 ε、油膜厚度 h 和供油速度 V 一定时，宽径比增加，径向轴承承载力 W 增大，刚度 S 随之增大。

（7）在大重型数控转台 SKZT2000 上进行实验，对实验结果进行分析研究，并将理论计算、仿真分析和实验三种方法所得的结果进行对比，从而验证了本书对静压推力轴承和静压径向轴承理论计算与仿真分析的正确性。

（8）提出了一种基于模糊算法和 PID 控制相结合的自适应 FUZZY-PID 控制策略。从仿真分析可以看出，自适应模糊 PID 控制器具有较高的动态响应能力和控制精度，相比传统的 PID 控制器，自适应模糊 PID 控制器通过在线自动整定 PID 控制器的参数，使大重型数控转台的伺服系统对外载荷的扰动具有较好适应性。

8.2 本书的创新之处

（1）提出将精密双导程蜗轮蜗杆副结构应用于大重型数控转台中，实现了通过调整蜗杆轴向位置就可以调整蜗轮蜗杆的齿侧间隙。

（2）提出了一种新式回形多油垫定量供油静压径向轴承，并应用FLUENT软件进行仿真计算了不同参数对其承载能力和刚度的影响规律。

8.3 展望

由于笔者实践经验的欠缺和时间限制，本书的研究工作还有很多方面有待进一步研究、探讨和完善。需要进一步研究和完善的工作如下：

（1）由于摩擦副存在形位误差、装配误差和表面粗糙度，所以在今后的研究过程中应该考虑形位误差、装配误差和表面粗糙度对大重型数控转台静压推力轴承和静压径向轴承承载能力及刚度的影响。

（2）本书在应用FLUENT软件进行仿真分析时，还有一些局限，如在分析不同的油膜厚度影响时，对每一个油膜厚度值都需要建立一个相应的模型，重新划分网格和计算，比较烦琐且重复工作比较多，可以采用动网格方法，此法难度较大。

（3）需要进一步研究温度的变化所引起的油膜承载能力及刚度的变化。

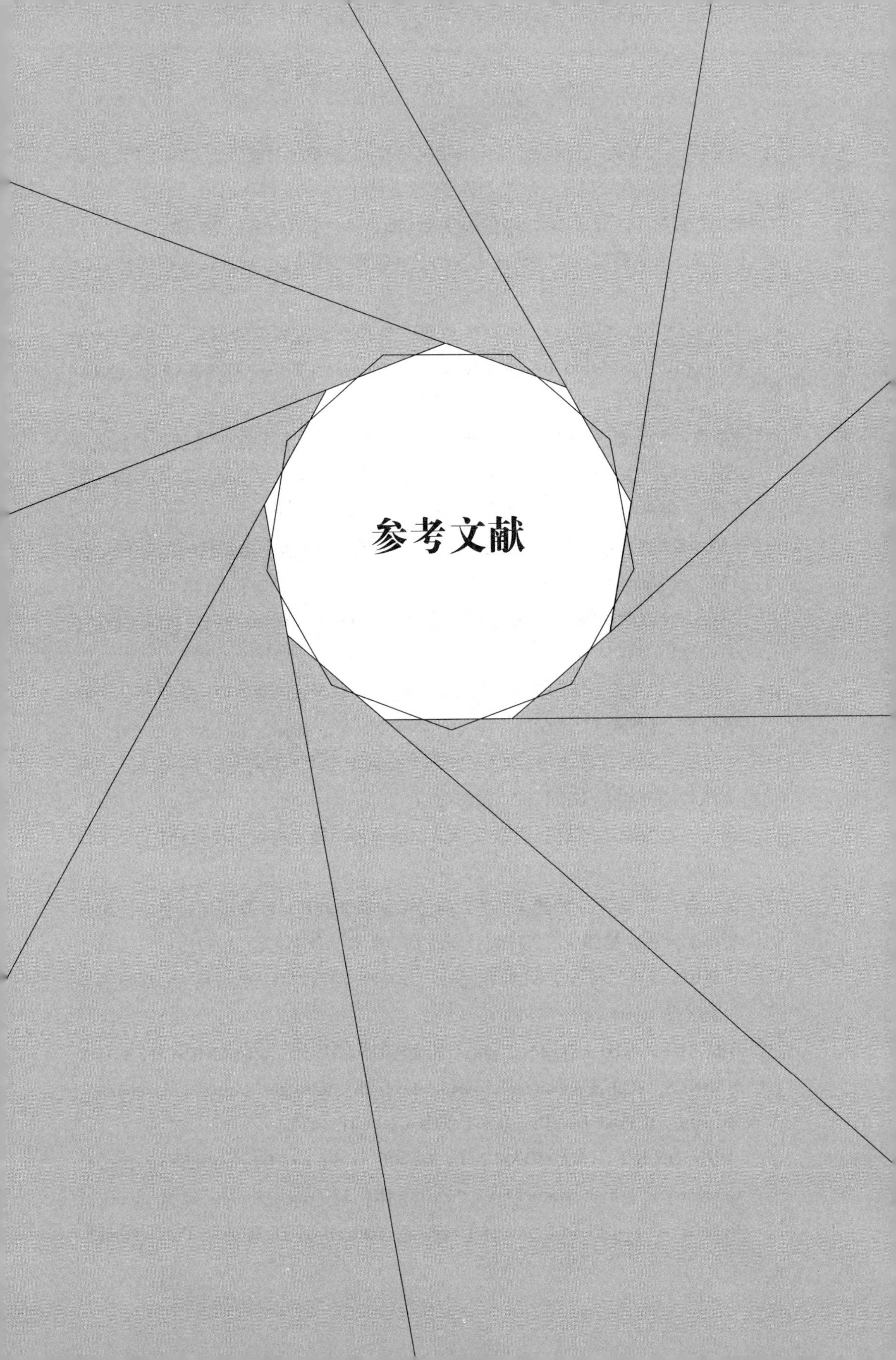

参考文献

[1] 胡亚波， 吴玉文 . 我国数控机床的状况与发展 [J]. 机床与液压， 2004（7）: 4–6.

[2] 董怡 . 论当前数控机床的发展趋势 [J]. 机械设计， 1995（8）: 1–2.

[3] 我国数控机床品开发现状 [J]. 中国新技术新产品， 2007（8）: 72–73.

[4] 徐宁安 . 我国重型机床制造业面临的发展机遇与挑战 [J]. 数控机床市场， 2007（7）: 34–35.

[5] 中华人民共和国国务院 . 国家中长期科学和技术发展规划纲要（2006—2020 年 ）[EB/OL].（2006–02–09）[2019–6–10].http://www.gov.cn/jrzg/2006–02/09/content_183787.htm.

[6] 赵惠英， 田世杰， 蒋庄德 . 高精度气体静压轴承刚度分析 [J]. 制造技术与机床， 2003（11）: 21–23.

[7] 陈燕生 . 液体静压支承原理和设计 [M]. 北京 : 国防工业出版社， 1980.

[8] 刘伟，陈大融，普拉卡宾卡 V A，等 . 静压轴承自控系统动态品质的优化方法 [J]. 机械工程学报，2000， 6（6）: 75–78.

[9] 丁叙生，陈斌武 . 液体静压轴承液阻可调式节流器的设计与应用 [J]. 机床与液压，2003（2）: 151–153.

[10] 丁叙生 . 以主轴系统刚度与总功耗之比值为目标函数的液体静压轴承优化设计方法 [J]. 南昌航空工业学院学报（自然科学版）， 2000， 14（3）: 26–29.

[11] 齐乃明， 刘暾， 谭久彬 . 自主式静压气体轴承实现无穷刚度的条件分析 [J]. 南京理工大学学报，2001（2）: 147–151.

[12] 孙爽，孟兆晶，王健民 . 薄膜反馈节流液体静压轴承模糊优化设计 [J]. 天津轻工业学院学报，2002，3（9）:38–40.

[13] 孟心斋， 王友兰， 杨建玺 . 新型变径毛细管节流开式液静压导轨静态性能分析与试验 [C]// 第四届“机床设计与研究”学术大会论文集 . 1987.

[14] 祈建中 . 具有并联节流器的圆锥静压、动静压轴承的静特性分析 [J]. 郑州工业学院学报 . 1994（4）: 27–29.

[15] BRECHER CHRISTIAN， BAUM CHRISTOPH， WINTERSCHLADEN MARKUS， et al. Simulation of dynamic effects on hydrostatic bearings and membrane restrictors [J]. Prod. Eng. Res. Devel. 2007（1）: 415–420.

[16] JOHNSON R E， MANRING N D. Sensitivity Studies for the Shallow–pocket Geometry of a hydrostatic thrust bearing [R]. American Society of Mechanical Engineers，The Fluid Power and Systems Technology Division （Publication）

FPST， 2003: 231–238.

[17] OSMAN T A， DORID M， SAFAR Z S， et al. Experimental assessment of hydrostatic thrust bearing performance [J]. Tribology International. 1996， 29（3）: 233–239.

[18] OSMAN T A， SAFAR Z S， MOKHTAR M O A. Design of annular recess hydrostatic Thrust bearing under dynamic loading [J]. Tribology International 1991， 24（3）: 137–141.

[19] 刘基博，刘浪飞 . 球磨机开式静压轴承的液压参数计算和油腔结构优化探讨 [J]. 矿山机械， 2000， 4（4）: 33–36.

[20] 张永宇， 岑少起， 杨金锋 . 缝隙节流浮环动静压推力轴承紊流有限元分析 [J]. 郑州大学学报（工学版）， 2002， 23（3）: 56–59.

[21] 刘震北， 张百海 . 静压支承最佳油腔设计惯性效应的考察 [J]. 山西机械 . 1991（2）: 35–36.

[22] 朱希玲 . 基于 ANSYS 的静压轴承油腔结构优化设计 [J]. 轴承， 2009（7）: 12–15.

[23] 朱希玲 . 球磨机静压轴承轴瓦结构优化设计 [J]. 润滑与密封， 2009， 34（7）: 88–90.

[24] 邵俊鹏， 张艳芹， 韩桂华， 等 . 重型静压轴承油腔结构优化与流场仿真 [J]. 系统仿真学报， 2010， 22（5）: 1093–1096.

[25] JACKSONJ D， SYMMONS G R. The pressure distribution in a hydrostatic thrust bearing [J]. International， Journal of Mechanical Sciences， 1965， 7（4）: 239–242.

[26] JAYACHANDRA PRABHU T， GANESAN N. Finite element application to the study of hydrostatic thrust bearings [J]. Wear，1984，97（2）: 139–154.

[27] JAYACHANDRA PRABHU T， GANESAN N. Behavior of multi–recess plane hydrostatic thrust bearings under conditions of tilt and rotation [J]. Wear，1983，92(2): 243–251.

[28] JAYACHANDRA PRABHU T， GANESAN N. Analysis of multi–recess conical hydrostatic thrust bearings under rotation [J]. Wear， 1983， 89（2）: 29–40.

[29] JAYACHANDRA PRABHU T， GANESAN N. Characteristics of multi–pad hydrostatic thrust bearings under rotation [J]. Wear， 1984， 93（2）: 219–231.

[30] JAYACHANDRA PRABHU T， GANESAN N. Effect of tilt on the characteristics of multi-recess hydrostatic thrust bearings under conditions of no rotation [J]. Wear，1983， 92（2）: 269-277.

[31] GHOSH M K， MUJUMDAR B C. Dynamic stiffness and damping characteristics of compensated hydrostatic thrust bearing [J].ASME J. of Lub. Tech. 1982: 104-491.

[32] 刘震北， 王成敏 . 锥环形静压推力轴承考虑惯性效应的承载能力分析 [J]. 哈尔滨工业大学学报 . 1989（3）: 39-50.

[33] 赵恒华， 宫国毫， 冯宝富， 等 . 超高速磨削实验台主轴系统的精密调整 [J]. 石油化工高等学校学报，2003，16（2）:55-58.

[34] 郭力，李波 . 不同油腔形状的高速动静压轴承研究 [J]. 磨床与磨削，2000（2）: 39-41.

[35] 郭力， 盛晓敏， 刘建宁 . 阶梯浅油腔动静压轴承动特性分析 [J]. 润滑与密封，1999， 3: 58-61.

[36] YADAV J S， KAPUR V K. Variable viscosity and density effects in a porous hydrostatic thrust bearing [J]. Wear， 1981， 69（3）:261-275.

[37] SAFAR Z S. Adiabatic solution of a tilted hydrostatic thrust bearing [J]. Wear，1983， 86（1）: 133-138.

[38] 张艳芹 . 基于 FLUENT 的静压轴承流场及温度场模拟 [D]. 哈尔滨 : 哈尔滨理工大学， 2007.

[39] 于晓东 . 重型静压推力轴承力学性能及油膜态数值模拟研究 [D]. 哈尔滨 : 东北林业大学，2007.

[40] 郅刚锁， 马希直， 朱均 . 推力轴承油膜温度场的可视化研究 [J]. 重型机械，2003， 14（3）: 11-14.

[41] 刘大全，张文，郑铁生 . 温黏效应下椭圆瓦轴承特性系数一维模型算法分析 [J]. 水动力学研究与进展， 2006， 21（2）: 147-154.

[42] 刘宾， 刘波 . 径向空气轴承压力场的数值分析 [J]. 功能部件， 2006， 23（1）: 93-95.

[43] JIN R L， HWANG C C. Hopf bifurcation to a short porous journal bearing system using the Brinkman model: weakly nonlinear stability [J]. Tribology Intemational，2002（35）:75-84.

[44] W YACOUT A, ISMAEEL A S, KASSAB S Z . The combined effects of the centripetal inertia and the surface roughness on the hydrostatic thrust spherical bearings performance [J]. Tribology International, 2007（40）: 522–532.

[45] CANBULUT, FAZIL, SINANOGLU, et at. Neural network analysis of leakage oil quantity in the design of partially hydrostatic slipper bearings [J]. Industrial Lubrication and Tribology, 2004, 56（4）: 231–243.

[46] CANBULUT F, YILDIRIM S, SINANOGLU C. Design of an artificial neural network for analysis of frictional power loss of hydrostatic slipper bearings [J]. Tribology Letters, 2004, 17（4）: 887–889.

[47] 王福军 . 计算流体动力学分析——CFD 软件原理与应用 [M]. 北京：北京清华大学出版社，2004.

[48] 马铁犹 . 计算流体动力学 [M]. 北京：北京航空航天大学出版社，1986: 1–5.

[49] 苏铭得，黄素逸 . 计算流体力学基础 [M]. 北京 : 清华大学出版社，1997: 2–5.

[50] ROGERS S E, KWAK D. Upwind differencing scheme for the time–accurate incompressible Navier–Stokes Equations [J]. AIAA J, 1990（28）: 253–262.

[51] ROGERS S E, KWAK D, Kiris C. Steady and unsteady solutions of the incompressible Navier–Stokes equations [J]. AIAA J, 1991（29）: 603–610.

[52] MERKLE C . Time–accurate unsteady incompressible flow algorithms based on artificial compressibility[J] . AIAA J, 1987, （87）. 125~132.

[53] 常翠平 . 锥形静压轴承流场的数值模拟及性能分析 [D]. 哈尔滨 : 哈尔滨工业大学，2008.

[54] CUGINI U , BORDEGONI M , MANA R . The role of virtual prototyping and simulation in the fashion sector[J]. International Journal on Interactive Design and Manufacturing, 2008, 2（1）: 33–38.

[55] WU B H , WANG S J . Research on 4–axis numerical control machining of free–form surface impellers[J]. Acta Aeronautica et Astronautica Sinica, 2007, 28（4）: 993–998.

[56] 兆文忠，方吉 . 虚拟样机与其核心技术——CAE 的内涵与建模 [J]. 大连交通大学学报，2008，29（5）:1–6.

[57] 鲁君尚 .CAXA 实体设计 2006 基础教程 [M]. 北京 : 人民邮电出版社，2007.

[58] 郑建荣 .ADAMS 虚拟样机技术入门与提高 [M]. 北京 : 机械工业出版社 2002.

[59] 李人宪 . 有限体积法基础 [M]. 北京：国防工业出版社， 2005.

[60] 刘星， 卞思荣， 朱金福 . 非结构网格生成技术 [J]. 南京航空航天大学学报，1999， 12（6）: 696-700.

[61] 周天孝， 白文 . CFD 多块网格生成新进展 [J]. 力学进展， 1999. 8， 29（3）: 344-368.

[62] 钟英杰， 都晋燕， 张雪梅. CFD 技术及在现代工业中的应用 [J]. 浙江工业大学学报 . 2003（6）: 284-289.

[63] 刘霞，葛新锋 . FLUENT 软件及其在我国的应用 [J]. 能源研究与利用，2003（2）: 36-38.

[64] 朱自强 . 应用计算流体力学 [M]. 北京 : 北京航空航天大学出版社， 1998: 2-5.

[65] 盛敬超 . 液压流体力学 [M]. 北京 : 机械工业出版社， 1980.

[66] 徐铮. 专用磨床静压支承系统分析与仿真 [D]. 兰州 : 兰州理工大学， 2009.

[67] 周恩浦 . 矿山机械 [M]. 北京：冶金工业出版社， 1982.

[68] 司奎壮 . 球磨机的三种滑动轴承比较 [J]. 矿山机械， 2004（8）: 149-151.

[69] FLUENT Inc. GAMBIT User Defined Function Manual[R]. Fluent Inc， 2003.

[70] 赵妍 . 应用 FLUENT 对管路细部流场的数值模拟 [D]. 大连 : 大连理工大学，2004.

[71] 张琰 . 涡轮泵静压轴承的动力特性分析及结构优化 [D]. 哈尔滨 : 哈尔滨工业大学， 2007.

[72] 韩占忠， 王敬， 兰小平 .FLUENT 流体工程仿真计算实例与应用 [M]. 北京 : 北京理工大学出版社， 2004.

[73] 饶河清 . 基于 FLUENT 软件的多孔质静压轴承的仿真与实验研究 [D]. 哈尔滨 : 哈尔滨工业大学， 2006.

[74] 刘刚 . 大型球磨机静压轴承 CAE 技术应用研究 [D]. 长春 : 吉林大学， 2007.